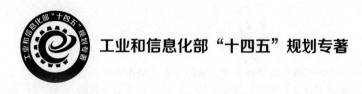

工业和信息化部"十四五"规划专著

跨声速气动弹性力学

高传强　张伟伟　著

科学出版社

北　京

内 容 简 介

本书是跨声速气动弹性力学方面的专著,是作者针对当前跨声速气动弹性力学的复杂现象及其诱发机理研究所取得的系列成果的总结,包括跨声速气动弹性的数值模拟和分析方法、跨声速流动稳定性分析及建模方法、跨声速嗡鸣的诱发机理及触发条件、跨声速抖振状态下结构锁频的诱发机理、跨声速颤振和抖振的博弈、流固耦合导致的跨声速抖振边界降低以及跨声速抖振的主/被动控制等。这些内容可以帮助读者理解相关跨声速气动弹性复杂性的根源及其诱发机理,指导工程实践。

本书可以作为航空、航天和兵器等工业领域科研人员的参考资料,也可以作为高等院校航空航天专业和力学专业研究生的学习指导用书。

图书在版编目(CIP)数据

跨声速气动弹性力学 / 高传强,张伟伟著. —北京:科学出版社,2022.6
ISBN 978-7-03-072227-0

Ⅰ. ①跨… Ⅱ. ①高… ②张… Ⅲ. ①飞行器-气动弹性动力学 Ⅳ. ①V211.47

中国版本图书馆 CIP 数据核字(2022)第 077521 号

责任编辑:赵敬伟 郭学雯 / 责任校对:彭珍珍
责任印制:赵 博 / 封面设计:无极书装

科 学 出 版 社 出版
北京东黄城根北街 16 号
邮政编码:100717
http://www.sciencep.com

三河市春园印刷有限公司印刷
科学出版社发行 各地新华书店经销
*
2022 年 6 月第 一 版 开本:720×1000 B5
2025 年 1 月第三次印刷 印张:14 1/2
字数:292 000
定价:**128.00** 元
(如有印装质量问题,我社负责调换)

前　　言

　　气动弹性力学首先在航空航天领域得到重视和系统性研究，而后也在土木工程、风工程等领域引起广泛的关注和研究。国内外气动弹性力学的教科书和专著已有多本，如冯元桢、Bisplinghoff、Forsching、Dowell 等的经典著作，国内杨超教授、叶正寅教授和赵永辉教授也出版了相关教材或著作。读者可能要问，现有的风洞实验条件和数值模拟手段都能够覆盖跨声速流域，模拟跨声速飞行器的气动弹性特性，为什么还要专门写关于跨声速气动弹性力学的专著？作者主要出于以下几个方面的考虑。

　　（1）跨声速流动特有的强非线性和弱稳定性特征，导致飞行器颤振边界常在跨声速区出现凹坑，也成为飞行包线进一步拓展的瓶颈，凸显了跨声速气动弹性问题的重要性。

　　（2）很多跨声速气动弹性问题的诱发机理并不清晰。例如，跨声速区域频繁发生的局部结构振动，到底是抖振导致的结构响应，还是流固耦合所致的局部非线性颤振？跨声速颤振边界的分散度为何很大，并常伴随不连续或迟滞现象？为何跨声速状态下才发生操纵面的嗡鸣现象？跨声速抖振状态下，为何会发生结构振动频率不跟随流动抖振频率而锁定于结构固有频率的"锁频"现象？等等。

　　（3）飞行实验环节跨声速气动弹性故障频发，工程设计缺乏准则。很多新机设计直到试飞环节才暴露出各种跨声速气动弹性问题，工程师不得不花费很大代价去补救，严重耽搁了设计进程，甚至影响了飞机性能。作者认为，造成这一现象的原因是，现阶段设计师缺乏对跨声速气动弹性诱发机理的深刻认识，缺乏有力、准确的跨声速气动弹性特性评估手段，缺乏系统性的跨声速气动弹性设计准则。而这又和跨声速气动弹性问题的复杂性密不可分，设计师对其研究的深入程度远不及其他经典气动弹性问题，跨声速气动弹性动力学的复杂性远超设计师现有的理解。

　　鉴于以上原因，作者在过去的数年中，针对跨声速气动弹性力学的复杂现象及其诱发机理开展了较系统性的研究。以流体动力学降阶模型和所提出的跨声速气动模态为切入点，系统性地研究了结构模态和气动模态的耦合模式与复杂气动弹性现象的关联性。研究内容不仅涉及跨声速气动弹性的静/动力学数值模拟和分析方法，还涉及跨声速单自由度颤振的机理及条件、跨声速抖振状态下的结构锁频诱发机理、跨声速颤振和抖振的伴生与博弈、刚度释放导致的跨声速抖振边界降低，以及跨声速抖振的主/被动控制等。

感谢北京理工大学胡海岩院士，中国航空工业集团有限公司唐长红院士、杨伟院士，北京航空航天大学向锦武院士、杨超教授，中国航天空气动力技术研究院刘子强研究员等学者对本书出版的关怀和鼓励；感谢西北工业大学赵令诚教授、杨永年教授、叶正寅教授和杨智春教授对本书研究工作的直接指导、关怀和鼓励；感谢科学出版社责任编辑对本书出版所给予的支持。

本书的研究工作是在国家自然科学基金的优秀青年科学基金项目（11622220）、面上项目（11572252）以及青年基金项目（11902269）的资助下完成的，本书列入了工业和信息化部"十四五"规划专著，并得到西北工业大学精品教材项目的资助，在此表示衷心感谢。

本书共 8 章，张伟伟撰写了第 1～3 章和第 7 章，高传强撰写了第 4～6 章和第 8 章。本书在撰写过程中，参考了国内外许多文献的相关内容，这里向这些参考文献的作者表示诚挚的谢意。气动弹性力学是一门交叉学科，涉及的知识点较多，想要面面俱到不是一件容易的事。加之作者水平有限，本书难免存在纰漏，敬请广大读者和同行专家批评指正。

作　者

2021 年 9 月

目　　录

第1章 绪 论

1.1 气动弹性问题概述

根据 Collar 力学三角形关系，我们知道气动弹性力学的研究内容涉及空气动力学、结构力学和弹性力学，主要关注弹性结构在气流作用下的耦合行为特征，如变形量、稳定性等。由于工程中的结构不可能是绝对刚性的，在空气动力作用下会发生弹性变形。这种弹性变形反过来又使空气动力随之改变，从而又导致进一步的弹性变形，这样就构成了一种结构变形与空气动力交互作用的所谓气动弹性现象。气动弹性力学在航空航天、土木工程、能源、动力等领域都有重要的研究价值，其中飞行器面临的气动弹性问题尤为显著。气动弹性问题对飞行器的操纵性和稳定性会产生显著影响，严重时会导致结构破坏或飞行事故。

纵观人类飞行史，气动弹性问题伴随着航空航天飞行器的整个发展过程。早在1903 年，Langley 的单翼飞机首次作有动力飞行时，就出现了由静气动弹性发散导致的机翼折断事故。由此引导 Lanchester、Bairstow、Fage 等气动弹性先驱开始对飞机的气动弹性问题展开有目的性的研究。在莱特（Wright）兄弟成功实现了重于空气的有动力飞行之后，飞机的研制进入了快速发展的时期，气动弹性问题越来越多地显现出来。到了 20 世纪 20 年代，有关机翼颤振分析的工作取得了快速的发展，其中代表性的研究工作包括 Theodorsen 的简谐振动翼型非定常空气动力学分析方法，Kuessner、Duncan、Fmer 等的关于机翼颤振理论的研究等内容。20 世纪50 年代以后，由于高速飞行器的出现，热气动弹性问题引起了人们的注意，但当时的高超声速飞行器主要以飞船为重点，热气动弹性问题并没有获得系统的研究。到了 20 世纪 80 年代，由于飞机注重跨声速飞行，有关跨声速的非线性气动弹性问题研究获得了广泛关注。近年来，随着微型飞行器的发展，柔性变形机翼的气动弹性问题也引起了人们的关注。而我国公开报道的气动弹性故障是 20 世纪 80 年代，"飞豹"飞机试飞时发生的方向舵嗡鸣，最严重时导致方向舵破坏的重大险情。总之，航空航天领域的气动弹性力学的研究与飞行器的发展和力学分析手段的发展息息相关。

随着航空航天领域飞行器的不断发展，对相关气动弹性问题的认识不断深入，对问题的划分也越来越细致。首先，气动弹性问题被分为静气动弹性问题和动气动弹性问题，静气动弹性问题研究的是结构变形对飞行器气动性能的影响，包括结构变形对气动参数的影响、大展弦比机翼的型架外形设计、静发散速度问题、操纵面效率降低以及操纵反效问题等。动气动弹性问题研究的是结构振动条件下的动力学稳定性问题，即通常所说的颤振临界速度问题。随着电传操纵技术在飞行器中得到运用，伺服气动弹性问题又逐渐显现。其次，从飞行器发展阶段来看，伴随着飞行速度的逐渐提高，气动弹性问题还可以按照飞行速度划分。最早的气动弹性问题就是在低速（不可压缩）流动中被发现，因此这类气动弹性问题研究得最为透彻，也经常被称为经典气动弹性问题。近年来，高超声速飞行器成为一个重要的热门方向，热气动弹性问题又重新得到了重视。对高速飞行器而言，跨声速是都要面临的速度范围，尤其是运输类飞机，跨声速是主要巡航速度，所以跨声速气动弹性也是被广泛关注的问题。

1.2 跨声速复杂流动

由于跨声速段较高的飞行效率，很多大型商用飞机和军用运输机都选择跨声速状态巡航，战斗机和超声速类飞行器（航天飞行器和导弹等）的飞行包线也都必然涵盖跨声速状态。因此，跨声速流动及相关气动弹性问题的研究具有重要的学术和工程应用价值。

跨声速流动一般是指，超过临界马赫数之后，飞行器局部出现的亚声速流和超声速流并存的流动形态。这让跨声速流动较亚声速流动和超声速流动明显复杂很多。在经典的观念中，跨声速流动的复杂性主要源于跨声速状态下流动控制方程的非线性，而非线性使得经典的线化理论失效[1, 2]。因此，20世纪很长时间内跨声速流动研究主要依赖于费用高昂的实验手段[3-5]。20世纪末以来，随着计算流体力学（computational fluid dynamics，CFD）方法的发展和计算机性能的提高，数值方法才开始应用于跨声速飞行器的性能分析和设计[6-8]。跨声速流动得到进一步的深入研究和认识。

从复杂性来看，跨声速流动的非线性可以划分为三个层次，即静态非线性、动态非线性和不稳定非线性[9-11]。静态非线性又称为空间非线性，是指跨声速定常流动随外形或迎角变化的非线性特征。这是最简单的跨声速流动，但却是研究其他复杂跨声速流动的前提。尤其对数值仿真来说，准确预测激波位置是校核CFD程序精度的重要指标[12, 13]。动态非线性是指边界运动所产生的跨声速非定常流动，其中激波的运动是由飞行器结构运动引起的。如果飞行器结构静止，激波也静止，则流动变为定常的静态非线性流动。这类流动是气动弹性问题分析的基础，需要准确预测激波运动的动态特性[14-16]。不稳定非线性是指针对激波自激运动的全局不稳定流动，其中激波的运动是自发的，与结构是否运动无关[17]，这也是不稳定非线性流动与动态非线性流动的本质区别。这类流动不仅包含上述两类流动的复杂非线性特性，还涉及流动的不稳定特性。因此，不稳定非线性流动被视为最具代表性的跨声速复杂流动，而跨声速抖振是其中最典型的代表，准确预测其非定常特性及失稳机理一直是流体力学的热点和难点内容之一。

　　跨声速抖振现象是 Humphreys[3]于 1951 年通过风洞实验发现的。从流体力学视角看，它是在特定的来流马赫数和迎角组合下出现的激波自维持振荡现象，跨声速抖振因而也经常被称为激波抖振。激波的自维持振荡并不需要结构运动的参与，并且该问题涉及激波、分离流和湍流等。因此，跨声速抖振往往被当作纯粹的流体力学问题来对待。正是基于该认识，国内外诸多机构和流体力学研究者采用刚性静止模型对跨声速抖振现象进行了大量的风洞实验和数值仿真研究[18-30]。

　　跨声速抖振发生时，激波的位置和强度会发生周期性的变化，与此同时，激波后的边界层厚度和分离区也呈现周期性变化，形成复杂的激波-附面层干扰现象。Lee 等[20,31]基于翼型抖振研究提出一种反馈模型（图 1-1）来解释两者的相互作用机理。该模型认为激波处形成的压力波沿附面层向下游传播，在翼型尾缘处由于"库塔条件"诱导产生库塔波（声波），声波向上游传播，与激波相遇并诱使激波运动，如此构成激波和尾缘声波的反馈通路。其中的抖振周期即是下行压力波和上行声波的传播时间之和。该模型是早期抖振诱发机理研究中比较成功的解释，预测的抖振周期与风洞实验和数值仿真结果吻合较好[21,22,32]。但是近期的基于脱体涡模拟（DES）和大涡模拟（LES）方法的仿真发现，抖振周期与上述模型预测结果存在较大差异[33,34]。

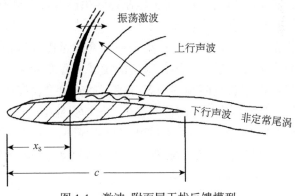

图 1-1　激波-附面层干扰反馈模型

　　Crouch 等[35,36]基于全局不稳定理论，从流动稳定性及分叉角度审视跨声速抖振的物理机理。他们的研究建立了马赫数和迎角等参数与流动稳定性边界的关系，并准确地预测了跨声速抖振始发边界。特征值分析表明，翼型的跨声速抖振特性主要是由最不稳定特征模态决定的，特征模态的频率与实验及计算获得的抖振频率一致。全局不稳定理论不仅能够预测抖振始发边界，还能预测抖振频率，另外，稳定性分析得到的全局模态为探究抖振流动的基本流动特征及演化规律提供了便利。因此，从全局稳定性角度更容易理解触发跨声速抖振的物理本质，该解释也得到越来越多研究者的认可[37-39]，同时也启发我们从稳定性的角度研究与跨声速抖振相关的气动弹性问题。

　　总的来说，跨声速抖振的研究内容主要包括抖振机理研究，抖振边界和载荷预测，以及抖振载荷控制等。跨声速抖振机理研究主要是揭示诱发激波自维持振荡的机理，研究手段包括风洞实验和数值仿真，上述的自激反馈模型和全局不稳定模型是目前比较成功的两种机理解释。抖振边界判定是指确定抖振始发的马赫数、迎角等参数组合。风洞实验中主要是通过动态压力传感器测量非定常压力脉动以及纹影技术识别激波位置的变化等方法判定[19]；数值仿真中可分为通过定常途径的气动力系数曲线、激波运动位置反转，以及通过非定常途径的压力/力系数脉动等方法[40]。对民航飞机而言，巡航状态与抖振始发边界之间必须留有一定的余量，因此，准确的抖振始发边界预测是工业界抖振研究的重点内容之一。抖振载荷分析主要是研究抖振发生以后翼面结构上的非定常气动力特性。在民用飞机结构强度和疲劳寿命分析中，抖振载荷是需要考虑的 I 类载荷，直接影响飞机的操作性和安全性[41, 42]。在当前的工程实践中，大部分的分析都是先通过刚性机翼模型获得其抖振载荷，然后再求解对应弹性机翼在该载荷下的响应，即是解耦的思路。这是由于，无论在实验环境中还是在计算环境中，耦合研究的难度和成本都要比解耦方法高得多。抖振控制研究旨在通过适当的控制策略来尽量减弱抖振载荷的强度，如推迟或减缓激波的振荡幅度，进而减弱机翼的振动水平，控制过程中还希望控制器对机翼其他方面气动特性的影响尽可能小[43, 44]。

　　关于跨声速复杂流动和跨声速抖振更全面的介绍可以参考相关的综述文献。Bendiksen[2]针对非定常跨声速流动相关理论的发展历程及其应用作了较详尽的综述，其中也涉及对跨声速抖振问题的简要评述。Dowell[10]在综述非线性气动弹性研究方面的进展时，对跨声速流动在各类非线性气动弹性中的作用作了较全面的总结，他将跨声速抖振归纳为由气动力非线性引起的极限环振荡问题。Lee[45]总结了2000 年之前的跨声速翼型抖振研究成果，重点介绍了激波-附面层干扰的反馈模型，但是限于当时的研究水平，对跨声速抖振数值研究方面的总结相对有限。Giannelis 等[46]全面综述了当前跨声速抖振研究的进展，尤其是近十年的研究成果，包括抖振机理的新认识、数值仿真方面取得的新进展、抖振流动中动态响应的新发现，以及三维抖振流动的研究与认识等。

1.3　跨声速气动弹性研究现状

正是由于跨声速流动的复杂性，跨声速气动弹性现象也较亚声速和超声速状态复杂很多。首先，跨声速气动弹性分析方法成本高、难度大。与跨声速流动的研究脉络类似，得益于计算机水平的发展，跨声速气动弹性的研究也经历了由高风险的风洞实验向以数值仿真为主导的转变。然而，与气动设计面临的定常空气动力学问题所不同的是，气动弹性动力学涉及的是非定常问题，非定常、非线性的动力学模拟耗时多、成本高昂[11, 47]。我国航空工业界大多依然使用传统的马赫数修正方法对跨声速气动弹性特性进行评估，CFD 数值方法并未得到广泛推广[8, 48]。

其次，跨声速气动弹性表现出许多独特的现象。如颤振速度在马赫数 1 附近明显降低，即所谓的跨声速"凹坑"现象，它成为制约飞行包线的瓶颈[4, 49, 50]；不同方法预测的颤振边界在跨声速"凹坑"附近存在较大的分散度[51]；舵面及副翼在跨声速区会出现单自由度型颤振并很快进入极限环型振荡状态，即所谓的"跨声速嗡鸣"[52-54]；跨声速抖振与颤振会发生相互伴生及博弈的现象，造成机翼结构的周期性节型振荡[55]；弹性支撑翼型在跨声速抖振流动中还会发生"锁频"现象，锁频区域的大幅结构振荡可能导致结构破坏[56-58]。这些现象中很多都是跨声速流动所特有的。

最后，对许多复杂跨声速气动弹性现象的物理机理的剖析还有待进一步深入。虽然跨声速气动弹性问题受到了学术界和工业界的持续关注和研究，但是上述提及的复杂气动弹性现象依然是目前气动弹性力学领域研究的重点和难点，相关问题的诱发机理仍然没有得到很好的解释。很多学者将跨声速气动弹性中难以理解的现象归结为非线性因素[2, 10, 59]，但是仅从非线性角度难以给出令人信服的解释，尤其不能给航空工程师提供明确的防颤、防振设计准则。因此，跨声速气动弹性问题仍然是航空航天型号设计过程中的"拦路虎"，很多型号在设计阶段甚至服役过程中仍然会遇到跨声速气动弹性问题的困扰。

从结构在气流中的状态性质来看，跨声速气动弹性问题主要可以分为两类：稳定性问题和响应问题。

1.3.1　稳定性问题

气动弹性稳定性问题即通常所说的"颤振"，它是气动弹性动力学领域中最令人关注的问题，在工程实践中具有重要的意义，直接关系到飞行器的安全。现代飞行器在研制过程中都需要进行颤振边界校核，以确保飞行包线内不会发生颤振。该问题涉及流动与结构的双向耦合反馈，分析难度较大。由于激波的强度或者结构刚度的差异，跨声速颤振现象表现出不同的形态，相关的物理机理也存在本质的不同。

　　跨声速颤振通常有两种表现形式。第一种形式与势流中的"经典颤振"类似，表现为结构模态间的耦合失稳，常见的如二元机翼的沉浮-俯仰耦合颤振和三维机翼的弯扭耦合颤振等。为了研究跨声速颤振特性，美国国家航空航天局（National Aeronautics and Space Administration，NASA）、德国宇航中心（Deutsches Zentrum für Luft-und Raumfahrt，DLR）等开展了系列的风洞实验研究，其中最具代表性的莫过于 NASA 兰利中心针对 BACT 二元模型[60] AGARD Wing 445.6 机翼[49]进行的跨声速颤振实验。

　　相关研究表明，虽然从颤振模式来看，跨声速状态与亚、超声速状态似乎并没有本质区别，大多表现为两阶为主的结构模态耦合导致的结构失稳，但是跨声速区的无量纲颤振速度显著降低，形成跨声速"凹坑"。这使得跨声速颤振边界常成为飞行器低空大表速的约束边界，限制了飞行器在跨声速区的性能。除此之外，颤振特性在跨声速"凹坑"区还会出现更多目前难以理解的现象。Edwards 等[61]的实验研究显示，在马赫数接近 1 时会发生"猝发"型颤振，并且在很大的动压范围内都保持极限环振荡。Rivera 等[60]针对 BACT 模型的实验结果表明，在马赫数 0.92 附近结构会出现以沉浮为主的类似单自由度颤振的失稳现象，但是它对马赫数或迎角比较敏感，微小的马赫数或迎角改变就有可能使失稳模式跳转。大量的风洞实验和数值仿真研究表明，颤振边界在跨声速"凹坑"区存在较大的分散性。这主要体现在三个方面：首先，多次相同状态下的风洞实验结果可能存在很大差异；其次，不同仿真程序的计算结果与实验结果间存在较大差异；最后，即使同一仿真程序，不同湍流模型、离散格式也会造成颤振边界的较大差异。

　　第二种是跨声速操纵面颤振，俗称"嗡鸣"。它是指飞行器在跨声速或低超声速状态下飞行时，操纵面（如副翼、方向舵、全动平尾等）发生的一种绕其舵轴不衰减的持续的"自激振动"现象。因此，嗡鸣是一种非经典颤振，仅涉及操纵面的偏转模态，也常被称为跨声速单自由度颤振。这种单自由度颤振带来的大幅长时间振动，将导致操纵面的损坏或严重变形，会严重影响飞行安全。

　　一直以来，嗡鸣问题都是高速飞行器设计和使用过程中的"拦路虎"。从公开报道来看，国内外多型高速飞行器都曾明确因为嗡鸣问题而延误设计进程。仅就国内来看，"飞豹"飞机试飞中的方向舵嗡鸣事故就是最典型案例。"飞豹"从 1989 年 11 月 17 日 81 号飞机第一次振坏垂尾翼尖，到 1992 年 8 月 25 日 83 号飞机由于激烈振动而飞掉方向舵的近三年时间中，用于定型试飞的 5 架飞机，除一架因出厂晚、飞得少，没有出现过这类问题外，其余 4 架先后发生过 10 余次这类问题，包括振坏垂尾翼尖、腹鳍、舵面等。问题集中发生在高度 5000～9000m，马赫数

0.9～1.04 的跨声速飞行阶段。除了飞机，某些有翼导弹（如巡航导弹）也都遭遇过嗡鸣问题的困扰[62]。因此关于嗡鸣的相关研究在航空工程、航天工程等领域都具有重要的理论意义和应用价值。

早在 1947 年，Erickson 等[63]就对跨声速嗡鸣现象作了较详细的实验与理论分析，认为嗡鸣与翼型上表面产生的激波以及激波的前后晃动有关；激波的运动与舵面的振动之间存在相角差，该相角差被认为是嗡鸣产生的主要原因[52, 64]。但是在 Phillips 和 Adams[65]，以及 Lang[66]开展的低速风洞实验中，他们通过在翼型上表面设置小阻流板的方式模拟激波引起的流动分离，发现在没有激波的情形下也可以发生嗡鸣，也就是说激波并非嗡鸣发生的必要条件，而激波引起的分离才是嗡鸣发生的主要原因。针对这种单自由度颤振，国内外学者还开展了大量的数值研究[67-73]。部分学者认为嗡鸣是由跨声速流动的非线性引起的，其主要依据就是，嗡鸣的极限环振荡是一种典型的由非线性因素主导的现象。该解释本身并没有什么问题，但是它仅解释了最终的失稳表现——极限环的原因，并不能清楚地说明造成初始失稳的根源是什么，以及失稳的参数范围是多少。本书将针对这类跨声速单自由度颤振的诱发机理开展研究，剖析其失稳根源及参数范围的物理意义。

1.3.2　响应问题

响应问题是气动弹性动力学关注的另一方面，它研究的是当结构模态稳定时，受到外部的非定常激励时，飞行器系统将产生怎样的响应。根据外部激励的类型，跨声速飞行下的响应类问题可以分为阵风响应和跨声速抖振两类。

阵风响应是指飞机在飞行过程中受到突风等大气紊流的影响而引起的振动。阵风响应发生时，飞机可能因为过高的载荷而严重影响飞机性能以及成员的安全与舒适性，甚至发生飞行事故。阵风响应是现代飞机设计中必须校验的环节，也是学术界近年研究的热点[74-76]，但是其物理机理相对清晰，不在本书讨论范畴。

按照经典的气动弹性力学定义，跨声速抖振被归结为动力学响应问题，即弹性飞机在激波晃动引起的非定常气动力作用下的响应。激波载荷引起的振动不仅会影响飞机的疲劳寿命，降低飞机的乘坐品质，还会影响机载仪表设备的正常工作和飞行控制系统的正常使用。由于作为激励的激波振荡与结构本身是否运动无关，所以传统的气动弹性观点认为，抖振的气动弹性反馈效应较弱，不必像颤振问题那样进行耦合分析；同时受限于风洞实验缩比模型制作时强度和刚度的双重限制，工程分析中常采用解耦的两步法研究抖振问题。两步法的分析流程为首先基于刚性结构模型开展抖振始发边界和载荷预测，然后计算弹性结构在抖振载荷作用下的响应。

在上述分析体系下，结构的振荡频率将完全由气流抖振频率决定。但是近年来一些研究者[77-80]在针对弹性支撑翼型在跨声速抖振流动中的响应现象研究时发现，当结构的固有频率与抖振频率接近时，结构响应的频率不再跟随抖振频率，而是与结构固有频率保持一致，这一反常现象被称为"锁频"（lock-in）现象，并且锁频振动时机翼的振幅很大，常会造成机翼结构破坏。受两步法研究思路的限制，锁频最早是通过研究 NACA0012 翼型在跨声速抖振流动中的强迫运动而开展的[77, 78]，并且研究者认为锁频现象是由共振引起的，如美国工程院 Dowell 院士等[57]，德国亚琛工业大学机械工程学院 Schröder 院长等[56]。其主要依据就是较大的振幅往往发生在结构固有频率与流动失稳频率接近时，即满足共振理论中系统固有频率与外激励的频率相近的条件。具体的共振响应过程如下：当系统固有频率与抖振频率靠近时，共振造成结构振动幅值增加，然后当振动幅值达到一定阈值后，抖振流动被强迫跟随系统的固有频率。这是一种非线性的反馈过程，锁频的诱发和锁频区域都与结构的振荡幅值有关。

1.3.3　目前研究的局限性

跨声速气动弹性问题的研究通常采用上述两种分类方式，并且从现有研究来看，动力响应问题的关注度和研究深度都不及稳定性问题。本书作者认为这主要有两方面的原因。一是早期的飞行器结构刚度余量相对较大，即使飞行环境中可能出现了跨声速抖振等不稳定分离流动情况，但是相应的振动位移较小，破坏形式以疲劳破坏为主，因此工程上的重视程度远没有稳定性（颤振）问题那样紧迫。二是受当时计算机水平和数值求解方法的局限，纯粹的跨声速抖振流动仿真的计算量已经足够大，进一步的流固耦合仿真的计算量更是难以承受，而相应的风洞实验的成本和风险也较刚性模型实验更大。因此，上述两种分类使跨声速气动弹性问题的研究简化很多，在一定程度上促进了对该问题的研究，如对嗡鸣等单自由度颤振的持续研究及工程指导，跨声速抖振流动视角下的非定常特性分析等。这种分类一直沿用至今，依然是目前跨声速气动弹性问题研究的主要思路。

然而，现代飞行器追求高速、高机动性等性能，因而遭遇跨声速抖振等不稳定分离流动的情形越来越多。同时，现代飞行器大量使用新型材料，越来越追求结构的轻量化，集成设计使得刚度余量较小。因此，不稳定流动下的流固耦合稳定性问题日益凸显，成为现代飞行器设计和使用过程中的新挑战。上述现象既包含了稳定性现象也包含了响应现象，但是不论是单从稳定流动中的颤振分析，还是从不稳定流动下的动力响应角度出发都很难给出合理的解释。

因此，将跨声速气动弹性问题严格按照稳定性问题和响应问题划分，并分别按照耦合和非耦合的方法研究存在较大的局限性。首先，这种划分不利于研究方法上的创新。针对稳定性问题，除了时域耦合仿真之外，学术界和工业界还投入大量的精力发展了一系列降阶模型方法[81-83]。然而对于响应类问题（主要指跨声速抖振），虽然随着计算机水平的提高，抖振的时域仿真不再是研究的瓶颈，但是很少有学者致力于抖振流动的降阶模型研究，一方面是因为该问题难度较大，另一方面是因为学术界和工业界对其危害性和迫切性的认知不及颤振问题。其次，这种划分造成的思维定式阻碍了对跨声速气动弹性动力学复杂机理的认知和对工程结构振动故障的排查。两类问题的划分初衷是为了分析的便利，对真实问题进行了不同层面的简化，但是所形成的思维定式却对后续研究产生了不利的影响。比如，跨声速抖振问题是典型的响应问题，研究中通常采用先获取刚性结构的脉动载荷和载荷作用下的结构响应进行顺序分析的方法。即使有学者发现了"锁频"等奇特的现象，依然按照强迫响应的思路从共振的角度作出牵强的解释。这种物理机理上的含糊认知，导致虽然工程上采用了规避措施，但是仍不能从根本上避免这些问题。这也是目前型号设计中还屡屡遭受相关跨声速气动弹性问题困扰的根本原因。

实际上，真实的飞机结构必然是弹性的，弹性机翼的大幅振动，到底是跨声速颤振问题，还是跨声速抖振导致的结构共振？特定问题的准确认知，对故障的排除或防振设计具有重要的意义。关于该问题的深入机理研究，需要打破传统的认知壁垒，构建能够涵盖两类问题的统一模型和分析方法，从更全面的角度分析跨声速流动中相关复杂气动弹性问题的诱发机理。

1.4　跨声速气动弹性控制研究进展

跨声速气动弹性控制是气动弹性研究领域备受关注的研究分支之一，它是典型的多学科耦合问题，涉及非定常空气动力学、结构动力学和自动控制理论等三个学科的交叉[84]，其三角关系如图 1-2 所示。当仅有流动系统和结构系统耦合时，是上文所述的气动弹性力学；单独的流动系统/结构系统与控制系统耦合时，对应流动控制/结构动力学控制；而当三个学科完全耦合时，对应气动伺服弹性力学。接下来，我们将依然从气动弹性稳定性问题和气动弹性响应问题分别讨论相关气动弹性控制的研究进展。

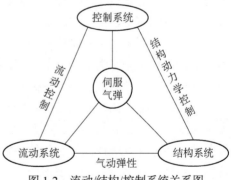

图 1-2　流动/结构/控制系统关系图

气动弹性稳定性问题（颤振）的控制是指通过控制方式的主动介入以提高飞行器的气动弹性稳定性能。Zhang 和 Ye[85]、Rao 等[86]通过尾缘舵面实现了二元机翼颤振主动抑制，胡海岩，杨志军等[87, 88]通过主动干扰抑制控制方式实现对三维弹性机翼的跨声速颤振控制。从控制器来看，大部分的主动控制是利用飞行器的伺服作动系统，属于伺服气动弹性研究范畴。然而，伺服控制系统的引入，有可能引发伺服颤振，降低原有系统的稳定性。尤其对跨声速气动弹性而言，由于飞行速度高，控制系统必须具有较快的反应，要求其通频带宽较大，而这极容易诱发伺服颤振。开展颤振的主动抑制可以有效规避上述不利影响，即通过引入气动弹性性能指标，实现主动控制律的设计，主动地排除伺服机构的不利影响。上述技术已经应用于现代飞行器的设计，Karpel 和 Roizner 等[89, 90]、Presente 和 Friedmann[91]在伺服气动弹性方面开展了卓有成效的研究，国内的杨超教授团队也在该方向开展了长期大量的研究[75]。但是，从目前的研究来看，将颤振主动抑制技术用于解决跨声速复杂分离流动中的气动弹性问题，还有很长的路。

　　以跨声速抖振为典型代表的气动弹性响应问题虽然也涉及流动和结构两个系统，但是以往研究中认为两者之间的耦合较弱，这决定了响应类问题的控制不以三学科耦合的伺服反馈控制为主，而是从纯粹的结构动力学控制和流动控制两方面展开，这为相关问题的控制提供了很大的便利。

　　从结构动力学控制角度开展气弹响应的控制是早期工程界常用的手段，主要有增加结构刚度、增加阻尼器或设置隔振系统等[92-94]。例如，早期飞机在试飞过程中发现抖振现象，只能通过增加阻尼器来减缓振动，或采用隔振系统以保护关键电子设备[95]。这类技术目前在风工程领域中依然经常使用[96]。上述手段往往增加结构质量及其复杂度，因此，本质上是以牺牲结构部分性能来减小其振动幅值，在一定程度上提高其疲劳寿命。但是这类方法并不能从根本上避免结构的振动，因为激励结构振动的非定常载荷——振源始终存在，因为从结构力学的角度看，抖振的非定常载荷是由流体工程师给定的输入，在结构分析环节是不改变的。

　　从流动控制角度出发是消除抖振脉动载荷的有效途径，流动控制本身也是流体力学最活跃的研究领域之一[97]。其目的是通过在流场中引入微小改变或扰动，从而实现预期的流动特性，例如，减小阻力、增加升力、抑制不利分离以及消除脉动载荷等，进而提高结构和设备的性能和效率。根据是否需要能量的输入，流动控制还可以按照被动控制和主动控制进一步划分。被动控制主要通过改变流动环境，如边界条件、压力梯度等达到控制目的，它的优点是不需要额外的能量输入，缺点则是在确定了控制方案后不能根据不同的流动情况进行更改；主动控制是在流动环境中直接注入合适的扰动模式，使其与原有系统的内在模式相耦合以达到控制目的，需要辅助能量输入[98]。主动控制根据有无控制回路可进一步分为开环控制和闭环控制。开环控制的能量输入不用考虑流动状态的不同，不需要任何传感器或探测器；闭环控制的输入可以基于某个反馈信号做连续的调整，反馈信号通过传感器或探测器实时测量[99]。从流动控制角度，学术界和工程界都针对跨声速抖振流动控制开展了许多工作，但是目前的大部分控制手段都不能完全抑制抖振载荷。

1.5　本章小结

综上所述，跨声速气动弹性问题的研究虽然已经开展了 70 多年，但是若干气动弹性现象的诱发机理依然并不清楚，这直接导致了相关问题在型号设计中的多次出现。这一方面是，当前的研究重点多集中在对各类非线性的处理上及响应预测上，而忽略了对其现象诱发根源的探究。另一方面是，长期地按照稳定性和响应的分类方式造成了不良的思维定式，不利于对相关问题的统一分析，阻碍了研究的深入。而对相关问题机理认识的不足，也进一步导致了对其控制方法上的局限性。实际上气动弹性问题的复杂性与流动的复杂性密切相关，因此，从跨声速流动角度出发理解相关复杂跨声速气动弹性现象的诱发机理，是一种值得探索的途径。

本书拟分别从基于 CFD（计算流体力学）/CSD（计算结构力学）时域耦合和基于 CFD 技术的降阶模型两个途径，构建跨声速气动弹性问题的统一分析方法，进而开展相关气动弹性问题的诱发机理及其控制研究，本书研究思路框图如图 1-3 所示，具体的安排如下。

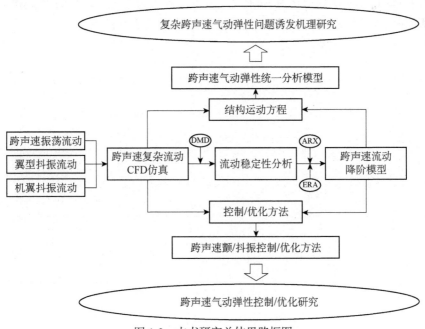

图 1-3　本书研究总体思路框图

第 1 章为绪论，阐述跨声速流动复杂性的表现、跨声速气动弹性及其控制方面的研究进展。重点讨论目前跨声速气动弹性问题的研究框架及其局限性。

　　第 2 章首先简要介绍基于非定常雷诺平均 N-S（URANS）的流场求解方法，包括 SA 和 SST 湍流模型。然后以典型的跨声速复杂流动——跨声速抖振流动为例验证该仿真方法的正确性，算例分别为绕静止翼型和三维机翼的跨声速抖振流动。

　　第 3 章首先综述目前流动稳定性分析和建模方法，然后采用 DMD 方法分析二维和三维抖振流动的稳定特征及其特征气动模态，介绍分别通过 ARX 和 ERA 系统辨识方法构建的包含不稳定跨声速流动的降阶模型，最后介绍如何通过降阶模型方法识别和提取特征气动模态。

　　第 4 章介绍本书的跨声速气动弹性研究方法，即 CFD/CSD 时域耦合仿真和基于 ROM 的气动弹性分析模型，构建针对气动弹性稳定性和响应类问题的统一分析方法，并通过典型算例验证上述方法的正确性。

　　第 5 章和第 6 章分别针对稳定流动中的跨声速颤振类问题和不稳定流动中跨声速气动弹性问题的诱发机理开展研究，包括颤振边界在跨声速凹坑区附近的分散现象，跨声速嗡鸣，跨声速抖振和颤振的博弈，跨声速抖振边界降低，以及跨声速抖振中结构锁频现象等。

　　第 7 章对两类跨声速气动弹性问题进行全面的比较和总结，讨论其本质诱发机理，并从工程设计角度讨论跨声速气动弹性故障模式判别并给出故障排除建议。

　　第 8 章通过 CFD 数值仿真和降阶模型方法开展跨声速气动弹性控制研究，包括开环控制、闭环控制和基于流固耦合反馈的被动反馈控制。

第 2 章　跨声速复杂流动的数值模拟

2.1　数值仿真综述

随着计算机水平的发展和高效并行计算方法的完善，流动的数值模拟手段（即 CFD）在科学研究和工程应用中占据越来越重要的位置，应用也越来越广，已经与理论和实验研究并称为流体力学的三大主要研究方法。与理论和实验研究相比，数值仿真具有诸多优点，比如，成本低廉、参数设置自由和能获得更多的流动细节等。这些优点使数值模拟方法当仁不让地成为研究典型跨声速复杂流动——跨声速抖振的理想手段。

得益于几代流体力学科学家的贡献，基于流体微团假设的 Navier-Stokes（N-S）方程在跨声速流动仿真方面取得了较大成功，各种层次的 N-S 方程求解方法和 CFD 求解器呈现"百花齐放、百家争鸣"的局面[7]。在 20 世纪 90 年代中后期，在计算机技术迅速发展的同时，为了解决工程中分离区湍流模拟的难题，研究者们"八仙过海，各显神通"，提出了多种实用的湍流模式，跨声速抖振的数值模拟也呈现出崭新的面貌。非定常雷诺平均 N-S（unstedy Reynolds-averaged Navier-Stokes，URANS）方程模拟、脱体涡模拟（detached-eddy simulation，DES）、大涡模拟（large eddy simulation，LES）和直接数值模拟（direct numerical simulation，DNS）等方法相继用于跨声速抖振仿真。

首先是 URANS 方程，它将湍流运动分解为平均量和脉动量两部分。因为从 N-S 方程推导出来的雷诺平均 N-S（RANS）方程是不封闭的，需要建立能够描述湍流平均量的湍流模型来封闭方程组。这样做虽然带来了一定的缺陷，但在高雷诺数的流动仿真及其工程应用方面发挥了很大的作用。跨声速抖振虽然也隶属于高雷诺数下复杂的湍流流动，但是其非定常特性主要是由激波的大幅晃动及其所引起的大尺度分离涡主导的，而与近壁面的小尺度湍流脉动关系不大，并且这些主导的大分离涡在时间尺度上远大于近壁面的湍流运动[38]。因此，URANS 完全能够胜任跨声速翼型抖振的数值仿真需求，准确捕捉到大尺度分离所诱导的非定常特性。

Barakos 等[100]基于 URANS 方法，针对 NACA0012 翼型从升力响应的幅值和频率以及脉动压力均方根等方面比较研究了不同线性、非线性湍流模型，包括 B-L 模型、S-A 模型、k-ε 模型和 SST k-ω 模型等对跨声速抖振流动模拟精度的影响。研究发现仅 S-A 模型和 SST k-ω 模型能够预测出抖振的非定常载荷，但是预测的抖振始发攻角偏大。Goncalves 等[101]针对超临界 RA16SC1 翼型也开展了类似的研究，发现 S-A 湍流模型能够较准确地预测抖振始发边界，仅抖振载荷预测偏小。Thiery 等[102]采用 S-A 模型和 SST k-ω 模型研究了壁面函数的效果，发现采用壁面函数虽然能在一定程度上提高预测抖振非定常效应的能力，但是远没有加密附面层网格的效果好。还有其他许多学者开展了类似的湍流模型的影响研究，典型的研究有 Kourta 等[103]在计算湍流黏性系数时考虑流体微团的变形比和旋转比，以 NACA0012 和 OAT15A 翼型为例研究了这类改进模型对抖振流动的预测能力，发现该模型可以很好地捕捉抖振引起的流动分离。总的来说，S-A 模型和 SST k-ω 模型能够较准确地捕捉激波附面层干扰引起的非定常分离及其周期性脉动特性。

研究表明，跨声速抖振仿真结果除了对湍流模型敏感之外，对数值离散格式、时间步长、网格密度和计算域的大小等也都比较敏感。比如，双时间隐格式较显格式更鲁棒；抖振仿真要求的时间步长较一般的跨声速非定常计算要严格很多；网格并不是越密越好，太密的网格反而模拟不出抖振效应。因此，采用 URANS 方法进行跨声速抖振仿真，需要丰富的数值仿真经验。为此许多学者做了大量的工作，如 Chung 等[104]、Xiao 等[105]，以及国内的牟让科等[26]、董璐[106]以及 Dang 和 Yang[40]。总的经验是湍流模型起决定性作用，因此先选择合适的湍流模型（如 S-A 模型和 SST k-ω 模型），在此基础上不同的数值格式搭配相应的求解参数总能成功地模拟抖振的失稳及非定常流动特性。

其次用于抖振仿真较多的是 DES 类方法，它结合了 RANS 和 LES 方法的优点，在壁面附近使用 RANS 计算，分离区采用 LES 求解。Deck[21]是将 DES 用于跨声速抖振的开创者，2005 年他使用标准 DES 和 Zonal-DES 方法研究 OAT15A 翼型的跨声速抖振流动，并与 URANS 方法对比，发现 Zonal-DES 方法能获得比较理想的结果，标准 DES 方法和 URANS 方法的结果精度相当。之后，陈立为[107]、Huang 等[108]和 Grossi 等[109]也都采用 DES 类方法模拟跨声速抖振，并提出了 DDES、IDDES 等改进方法。总的来说，这些改进的 DES 方法能够较准确地预测抖振的非定常特性，能够获得比 URANS 方法更丰富的分离流动的细节，这为抖振诱发机理的研究提供了有力的支撑。但是，大部分的改进方法都需要事先了解流动可能的分离区，进而确定各区域采用的模拟方法。然而，随着流动状态（马赫数和迎角）的改变，分离区可能发生较大范围的变化，这样就需要重新划分子区。因此，这些方法对研究者的经验要求较高。另外，由于 DES 需要进行三维计算，并且时间步长和网格尺度较 URANS 方法都更严格，计算量较大，目前还不便应用于需要反复迭代计算的流固耦合分析中。

　　此外，也有部分学者将 LES，甚至 DNS 方法应用于跨声速抖振的模拟[110]。如 Wollblad 等[34]和 Garnier 等[111]采用 LES 方法模拟了 OAT15A 翼型的跨声速抖振流动，发现 LES 方法可以更精细地模拟激波后的细小的分离涡，但是抖振频率预测值与 Lee 的反馈模型存在一定的差异。2013 年 Sengupta 等[112]通过 DNS 方法模拟绕 NACA0012 翼型的跨声速抖振流动，仿真结果表明该方法可以较准确地捕捉激波的动态位置。以上方法较 URANS 和 DES 方法来说，对网格密度和时间步长要求更高，计算效率更低，另外对计算参数的敏感性也还需要进一步的研究。所以目前跨声速抖振仿真的主要方法依然是基于湍流模型的非定常雷诺平均 N-S 方程（URANS）。

　　作为跨声速抖振研究的另一个重要方面，近年来，绕三维机翼的跨声速抖振流动研究受到越来越广泛的关注。有限的风洞实验[113-118]表明，由于三维效应的影响，三维抖振的失稳机理较二维复杂得多。对于平直机翼，失稳机理与二维类似，以激波失稳弦向失稳为主，具有一定的简谐特性。但是对于后掠机翼，展向失稳占据主导，从翼根向翼梢传播，并在翼梢形成高频的 K-H 失稳，非定常脉动压力测量表现为多失稳模式下的宽频特性。

　　数值仿真依然是研究三维抖振的有力手段，它可以给出三维抖振失稳的演化过程。Brunet 等[119]和 Grossi 等[120]率先开展了三维跨声速抖振的数值研究，采用 Zonal-DES 方法模拟了 CAT3D 翼身组合体的抖振流动，成功捕捉到了实验中的大部分失稳区和分离区，以及翼梢的 K-H 型失稳区。并且 Brunet 等[119]认为，要捕捉三维抖振的失稳流动特性至少需要采用 DES 级别的湍流模拟尺度。然而，Sartor 和 Timme 开展的系列研究[121-124]表明，URANS 结合适当的湍流模型也能合理地复现三维抖振的主要流动特征。与二维中的结论类似，S-A 模型和 SST k-ω 模型预测较准确。另外，Sartor 等[121]针对 RBC12 模型的仿真结果表明，随着迎角的增大，激波先在翼根处失稳，然后沿展向向翼梢发展，并且压力脉动（力系数响应）的频谱越来越宽。三维抖振表现为非周期的宽频响应，施特鲁哈尔频率（$St = fb / U_0$）为 0.1～0.7，与实验结果一致。Iovnovich 等[125]也采用 URANS 方法针对 RA16SC1 机翼研究了不同后掠角和展长对三维抖振失稳机理的影响。该研究发现，在小后掠角（$\Lambda < 20°$）的情形下，抖振失稳机理和二维基本相同，激波主要在靠近翼梢处弦向往复运动；在中等后掠角（$20° < \Lambda < 40°$）状态下，观测到压力波在激波的尾部产生，并从翼根沿展向传播，具有明显的展向特征，这与二维抖振失稳机理完全不同。同时针对展长的研究表明，对于小展长机翼，流动被翼尖涡控制，抖振现象消失。而在大展长机翼的情况下，翼尖涡的影响很小，并且被限制在了翼尖区域。对于中等展长机翼，翼尖涡和抖振的相互作用导致了复杂的激波振荡形式，频谱较宽[126]。近年来，诸多学者[126-134]通过数值仿真获得的流场样本结合稳定性分析方法或动态模态分解（dynamic mode decomposition，DMD）等模态分析手段，开展了抖振流

场结构特性的研究，并在机翼抖振的触发根源及关键流场特征的发现方面开展了大量的工作。

因此，本章拟通过 URANS 方法对二维和三维的跨声速抖振流动进行模拟，并基于仿真数据分析其非定常特性，为后续的研究奠定基础。

2.2　基于非结构网格技术的流动仿真

2.2.1　网格技术

1. 非结构混合网格生成

非结构网格由于具有很大的灵活性，对复杂外形具有很好的适应性，其随机的数据存储结构使网格的疏密分布十分方便，有利于提高计算精度，因此非结构网格在 CFD 仿真中得到了广泛的关注。但由于在进行二维 N-S 方程的求解时，需要考虑流动的黏性特性，常需要在物面附近的黏性作用区生成大伸展比的四边形"黏性"网格，以捕捉边界层内的流动。而在边界层之外，则希望布置比较稀疏的三角形网格以节省计算资源和减少计算时间。非结构混合网格是解决这一问题的有效途径，一般包含两个过程，即附面层网格的生成和远场三角形网格的阵面推进生成，其过程表述如下。

（1）生成边界网格，并进行标记，以区分不同的网格边界并确定需要生成黏性网格的边界。

（2）在物面附近生成黏性网格，具体过程如下所述。

（A）计算物面网格节点的生长方向。理想的节点生长方向应该满足以下条件：该矢量同其对应的节点所连的所有三角形单元的夹角都相等。

（B）节点推进位置的确定。根据上一步计算好的节点推进方向，利用推进层方法逐渐进行推进，并记录每个物面节点的推进高度和对应的新节点的推进位置。当推进层方法在某一节点停止以后，该节点的推进位置就是其最终推进位置。

（C）黏性网格的生成。在获得节点推进位置以后，新节点将与其对应的物面节点一起组成一个四边形单元。将该四边形单元沿物面法向按一定的增长规律逐步剖分，就可以得到物面黏性网格。

（3）其他流动区域三角形网格的生成。在其他计算区域，用阵面推进方法生成非结构三角形网格。

2. 网格变形技术

气动弹性分析中，由于结构的运动，需要采取某种动网格技术来实现求解域的运动，目前比较常用的动网格技术主要是网格变形方法。相比于网格重构等方法，网格变形技术可以在不增加或减少网格节点并保持原网格拓扑结构条件下，按照某种规律驱动网格节点变形以适应物面边界变形。

早期比较常用的方法是弹簧法，其是一种基于物理模型的网格变形方法，最早由 Batina 在研究绕振荡翼型的欧拉（Euler）流动时提出。他将计算域内的每一条网格线都看作一根弹簧，整个网格则看作一个弹簧系统，如图 2-1 所示，物面边界引起的变形效应通过弹簧系统传递到整个计算域。弹簧的刚度系数仅由网格线的长度决定，所以也叫线性弹簧法或标准弹簧法。Farhat 和 Blom 等对传统弹簧法进行了改进，在一定程度上提高了网格的变形能力。但是由于弹簧法本身的数据存储问题，需要网格节点间的连接关系，数据结构较烦琐，存储量大，计算效率较低，并且变形能力有限，所以弹簧法并不是一种很理想的网格变形方法。

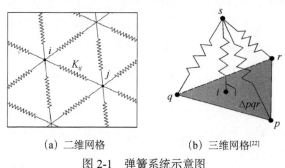

(a) 二维网格　　　　　　　　(b) 三维网格[22]

图 2-1　弹簧系统示意图

近年来发展起来的径向基函数（RBF）方法由于具有较大的网格变形能力和较高的变形效率而备受关注。本书将该方法成功应用于课题组气动弹性分析程序中，较大地提升了程序的适应能力。de Boer 首次将 RBF 应用于网格变形技术，其基本原理是：运用 RBF 对结构边界节点的位移进行插值，然后利用构造出来的 RBF 序列将边界位移效应光滑地分散到整个计算网格区域。网格变形过程主要有两个步骤，首先根据插值条件求解物面节点的权重系数方程，然后对计算域网格进行更新，其流程如图 2-2 所示。

RBF 插值的基本形式是

$$s(r) = \sum_{i=1}^{N_\mathrm{b}} \gamma_i \varphi(\|r - r_{bi}\|) \tag{2-1}$$

其中，$s(r)$ 是插值函数；$\varphi(\|r - r_{bi}\|)$ 是 RBF 的通用形式；r_{bi} 是插值基底的位置，此处即是与运动直接相关的物面节点的坐标；γ_i 是第 i 个插值基底的插值权重系

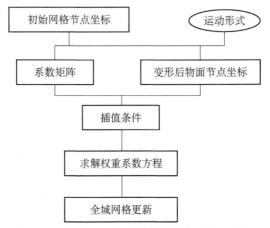

图 2-2　基于 RBF 的网格变形方法的基本流程

数；N_b 表示插值基底的个数，即物面节点数[79, 80]。

　　基于 RBF 的网格变形方法主要有两个步骤，首先根据插值条件求解物面节点的权重系数方程，然后对计算域网格进行更新。为了方便描述 RBF 插值过程，下面用矩阵形式叙述，对于二维问题，只有 x,y 两个方向的坐标。插值条件如下：

$$\begin{cases} M\gamma_x = \Delta x_s \\ M\gamma_y = \Delta y_s \end{cases} \tag{2-2}$$

其中，$\gamma_x = \left(\gamma_{s1}^x \quad \cdots \quad \gamma_{sN_b}^x \right)^T$ 表示 x 方向上 N_b 个物面节点待定的插值权重系数，下标 s 表示物面；$\Delta x_s = \left(\Delta x_{s1} \quad \cdots \quad \Delta x_{sN_b} \right)^T$ 表示 N_b 个物面节点在 x 方向上的位移分量；y 方向与之类似。系数矩阵

$$M = \begin{bmatrix} \varphi_{s1s2} & \cdots & \varphi_{s1si} & \cdots & \varphi_{s1sN_b} \\ \vdots & & \vdots & & \vdots \\ \varphi_{sjs1} & \cdots & \varphi_{sjsi} & \cdots & \varphi_{sjsN_b} \\ \vdots & & \vdots & & \vdots \\ \varphi_{sN_bs1} & \cdots & \varphi_{sN_bsi} & \cdots & \varphi_{sN_bsN_b} \end{bmatrix}$$

其中，$\varphi_{sjsi} = \varphi(\zeta_{ji}) = \varphi(\|r_j - r_i\|)$，表示物面第 j 个节点和第 i 个节点的基函数值。

　　网格点的更新只需将计算域内的网格点坐标代入 RBF 插值函数即可。以矩阵形式表示为

$$\begin{cases} \Delta x_v = A\gamma_x = AM^{-1}\Delta x_s \\ \Delta y_v = A\gamma_y = AM^{-1}\Delta y_s \end{cases} \tag{2-3}$$

$$A = \begin{bmatrix} \varphi_{v1s1} & \cdots & \varphi_{v1si} & \cdots & \varphi_{v1sN_b} \\ \vdots & & \vdots & & \vdots \\ \varphi_{vjs1} & \cdots & \varphi_{vjsi} & \cdots & \varphi_{vjsN_b} \\ \vdots & & \vdots & & \vdots \\ \varphi_{vN_vs1} & \cdots & \varphi_{vN_vsi} & \cdots & \varphi_{vN_vsN_b} \end{bmatrix}$$

其中，下标 v 表示体网格；N_v 表示体网格节点数目。

在 RBF 方法中，权重系数方程是对称正定的，对于二维问题阶数较低，采用 Gauss-Jordan 消去法求解。插值基函数选用最适合网格变形的紧支型 Wendland's C^2 函数，该函数可以通过设置作用半径使作用半径之外的函数值强制为零，具体形式为

$$\varphi(\zeta) = \begin{cases} (1-\zeta)^4(4\zeta+1), & \zeta < 1 \\ 0, & \zeta > 1 \end{cases} \tag{2-4}$$

其中，$\zeta = \|r - r_i\| / R$，这里 R 为作用半径，本书中一般取 10 倍弦长。

下面以 NACA0012 翼型绕 1/4 弦点做俯仰运动为例，说明 RBF 方法网格变形的效率和网格质量。首先是变形效率随物面节点数的关系，如图 2-3 所示，其中俯仰角度为 10°，每周期运动 40 步，计算 1/4 周期即 10 步。当物面节点（总节点数）较少时，RBF 和线性弹簧法的计算时间相差不大，随着物面节点数（总节点数）增加，两者的计算时间均增加，但是线性弹簧法的计算时间增长迅速，计算效率远低于 RBF 方法。另外，由于弹簧法采用迭代法求解刚度矩阵，所以变形效率受俯仰角度影响较大，而 RBF 方法变形效率几乎不受俯仰角度影响，如图 2-4 所示。

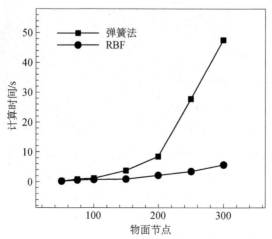

图 2-3　中央处理器（CPU）时间随物面节点的变化

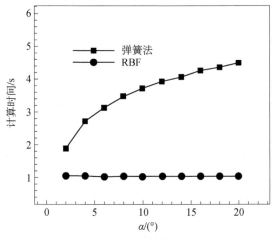

图 2-4 CPU 时间随俯仰角度的变化

图 2-5（a）为线性弹簧法在俯仰角为 37°时的网格图，尾缘处出现负体积网格，网格发生破坏；而同等俯仰角度下，RBF 方法尾缘处的网格保持完好，几乎没有产生拉伸，如图 2-5（b）所示。进一步加大 RBF 方法的俯仰角度，在俯仰角为 90°时，尾缘处依然能保持网格的完好性，尤其近物面网格分布与初始网格保持了很好的一致性，没有出现网格的较大拉伸，如图 2-6 所示。即使更大的俯仰角度，RBF 方法依然能够保证尾缘处的网格质量。这是因为 RBF 方法更多的是由远场的网格来参与变形，远场处网格单元较大，能承受较大的变形，而线性弹簧法主要是由近物面容易破坏的较小的网格单元来承受变形。

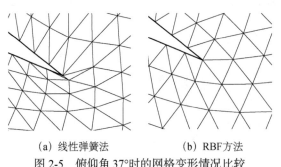

（a）线性弹簧法　　　　（b）RBF 方法
图 2-5 俯仰角 37°时的网格变形情况比较

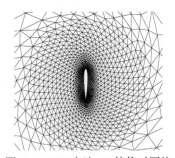

图 2-6 RBF 方法 90°俯仰时网格

图 2-7（a）是初始网格质量云图局部放大图，网格单元质量均在 0.7 以上，翼型前缘和尾缘处质量较高。图 2-7（b）和图 2-7（c）是翼型做 35°俯仰时两种方法的质量云图对比，RBF 方法的网格质量明显优于线性弹簧法，尤其是近物面处网格，线性弹簧法在尾缘处发生较大的拉伸，部分网格质量甚至达到 0.3 以下，而 RBF 方法基本保持了原始网格的云图形状和质量。

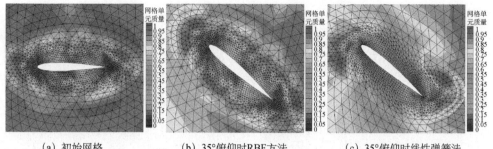

　　　（a）初始网格　　　　　　　　　（b）35°俯仰时RBF方法　　　　　（c）35°俯仰时线性弹簧法

图 2-7　网格质量云图对比（彩图请扫封底二维码）

　　总的来说，RBF 方法插值过程仅需要网格节点坐标，而无需节点间连接信息，所以数据结构简单，可以由二维直接推广到三维。RBF 方法的计算量主要由物面节点数决定，并且采用直接法求解权重系数方程，从而可以避免迭代法在大变形下的低效率，RBF 方法的网格变形效率和变形后网格的质量明显高于弹簧法。

2.2.2　流动控制方程及时空离散

　　在直角坐标系下，无量纲化（以平均气动弦长 c、来流密度 ρ_∞、来流声速 a_∞ 和来流温度 T_∞ 为参量）的非定常 RANS 方程组的积分形式为

$$\frac{\partial}{\partial \tau}\iiint_{\Omega} W \mathrm{d}V + \iint_{\partial\Omega} \boldsymbol{F}^{i}(W,V_{\mathrm{grid}})\cdot\boldsymbol{n}\mathrm{d}S = \iint_{\partial\Omega}\boldsymbol{F}^{v}(W)\cdot\boldsymbol{n}\mathrm{d}S \tag{2-5}$$

其中，W 为守恒变量；$\boldsymbol{F}^{i}(W,V_{\mathrm{grid}})$ 为无黏通量；$\boldsymbol{F}^{v}(W)$ 为黏性通量，即

$$W = \begin{bmatrix} \rho \\ \rho u_i \\ \rho E \end{bmatrix}, \quad \boldsymbol{F}^{i}(W,V_{\mathrm{grid}}) = \begin{bmatrix} \rho(V-V_{\mathrm{grid}}) \\ \rho u_i(V-V_{\mathrm{grid}})+P \\ \rho E(V-V_{\mathrm{grid}})+PV \end{bmatrix}, \quad F^{v}(W) = \begin{bmatrix} 0 \\ \sigma_{ij}n_i \\ (u_j\sigma_{ij}-q_i)n_i \end{bmatrix}$$

$$\sigma_{ij} = (\bar{\mu}+\bar{\mu}_{\mathrm{t}})\left(\frac{\partial u_i}{\partial x_j}+\frac{\partial u_j}{\partial x_i}\right) - \frac{2}{3}(\bar{\mu}+\bar{\mu}_{\mathrm{t}})\delta_{ij}\frac{\partial u_k}{\partial x_k}, \quad q_i = \frac{1}{\gamma-1}\left(\frac{\mu}{Pr}+\frac{\mu_{\mathrm{t}}}{Pr_{\mathrm{t}}}\right)\frac{\partial T}{\partial x_i}$$

这里，$V = \begin{bmatrix} u & v & w \end{bmatrix}^{\mathrm{T}}$ 为流体运动速度；$V_{\mathrm{grid}} = \begin{bmatrix} u_{\mathrm{grid}} & v_{\mathrm{grid}} & w_{\mathrm{grid}} \end{bmatrix}^{\mathrm{T}}$ 为网格运动速度，在边界静止的纯流动仿真中，$V_{\mathrm{grid}}=0$；Ω 为控制体，其边界为 $\partial\Omega$；$\boldsymbol{n}$ 是边界的单位外法线方向向量；ρ 为密度；P 为压强；E 为总能；T 为温度；γ 为气体的比热比；$\bar{\mu}$ 代表层流黏性系数，它可以简单地利用 Sutherland 公式计算得到

$$\bar{\mu} = \bar{\mu}_0 \left(\frac{T}{T_0}\right)^{\frac{3}{2}}\frac{T_0+s}{T+s} \tag{2-6}$$

式中，T_0 为参考温度；$\bar{\mu}_0$ 是气体在参考温度下的黏性系数；s 是按气体的种类给出

的常数。一般取 $T_0=288.16\mathrm{K}$，相应的 $\bar{\mu}_0=1.71\times10^{-5}\mathrm{Pa\cdot s}$。$\bar{\mu}_t$ 为湍流黏性系数，在涡黏假设下，基于 RANS 方程中的湍流黏性系数通过求解湍流模型来确定。

基于有限体积法对 N-S 方程空间离散的基本过程为：将 N-S 方程直接应用到剖分好的非结构网格单元上，然后通过多种数值途径对无黏和黏性通量项求解，则积分方程转化成离散方程组，其中未知量为网格单元中心的流动参数。统一离散格式可以表述为如下形式：

$$\frac{\partial \tilde{\boldsymbol{W}}_i}{\partial t}\iiint_{\Omega_i}\mathrm{d}V=\frac{\mathrm{d}\tilde{\boldsymbol{W}}_i}{\mathrm{d}t}V_i=-\iint_{\partial\Omega_i}\boldsymbol{F}^i(\boldsymbol{W},\boldsymbol{V}_{\mathrm{grid}})\boldsymbol{n}\mathrm{d}S+\iint_{\partial\Omega_i}\boldsymbol{F}^v(\boldsymbol{W})\boldsymbol{n}\mathrm{d}S-V_i Q_{\mathrm{source}}\quad（2\text{-}7）$$

其中，V_i 为单元 Ω_i 的体积；$\partial\Omega_i$ 表示单元 Ω_i 的边界。

在网格单元足够小的情况下，式（2-7）右端的无黏通量和黏性通量可分别表示为

$$\iint_{\partial\Omega_i}\boldsymbol{F}^i(\boldsymbol{W},\boldsymbol{V}_{\mathrm{grid}})\boldsymbol{n}\mathrm{d}S=\sum_{m=1}^{N}\boldsymbol{F}^i(\boldsymbol{W},\boldsymbol{V}_{\mathrm{grid}})_{im}\cdot\boldsymbol{n}_{im}\Delta S_{im}\quad（2\text{-}8）$$

$$\iint_{\partial\Omega_i}\boldsymbol{F}^v(\boldsymbol{W})\boldsymbol{n}\mathrm{d}S=\sum_{m=1}^{N}\boldsymbol{F}^v(\boldsymbol{W})_{im}\cdot\boldsymbol{n}_{im}\Delta S_{im}\quad（2\text{-}9）$$

此处，$\boldsymbol{n}_{im}\Delta S_{im}$ 表示第 i 网格单元的第 m 个面积矢量；ΔS_{im} 为面积的大小；$\boldsymbol{n}_{im}$ 为面 S_{im} 的外法线方向；N 表示网格单元总的面数；$\boldsymbol{F}^i(\boldsymbol{W},\boldsymbol{V}_{\mathrm{grid}})_{im}$ 和 $\boldsymbol{F}^v(\boldsymbol{W})_{im}$ 分别表示面 S_{im} 上无黏项和黏性项的平均值。在流场域的每一个网格单元上重复上面的过程，就可以将原来的非线性偏微分方程转化为关于时间的一阶常微分方程。在进行数值求解时，对方程右端黏性通量和无黏通量的求解叫作空间离散，而对关于时间的一阶常微分方程组的求解叫作时间推进。

为了便于表达，令 $\boldsymbol{R}_i(\boldsymbol{W},\boldsymbol{V}_{\mathrm{grid}})=\displaystyle\sum_{m=1}^{N}[\boldsymbol{F}^i(\boldsymbol{W},\boldsymbol{V}_{\mathrm{grid}})_{im}-\boldsymbol{F}^v(\boldsymbol{W})_{im}]\boldsymbol{n}_{im}\Delta S_{im}+V_i Q_{\mathrm{source}}$，则方程（2-7）可以表示为

$$\frac{\mathrm{d}\boldsymbol{W}_i}{\mathrm{d}t}V_i=-\boldsymbol{R}_i(\boldsymbol{W},\boldsymbol{V}_{\mathrm{grid}})\quad（2\text{-}10）$$

空间离散采用迎风型的 AUSM+UP 格式，其基本思想是把无黏通量分为对流项和压力项分别进行处理，并且采用数值声速的概念对数值耗散进行适当的缩放，在对流项部分引入压力耗散机理，在压力项部分引入速度耗散机理。

采用"AUSM+UP"格式的网格单元 i 上，无黏通量项 $\boldsymbol{F}^i(\boldsymbol{W},\boldsymbol{V}_{\mathrm{grid}})$ 可以表示为

$$\boldsymbol{F}^i(\boldsymbol{W},\boldsymbol{V}_{\mathrm{grid}})_{im}=\frac{1}{2}[\boldsymbol{F}^i(\boldsymbol{W}_{im,\mathrm{L}},\boldsymbol{V}_{\mathrm{grid}})+\boldsymbol{F}^i(\boldsymbol{W}_{im,\mathrm{R}},\boldsymbol{V}_{\mathrm{grid}})]+\boldsymbol{D}(\boldsymbol{W}_{im,\mathrm{L}},\boldsymbol{W}_{im,\mathrm{R}})\quad（2\text{-}11）$$

其中，$\boldsymbol{W}_{im,\mathrm{L}}$ 和 $\boldsymbol{W}_{im,\mathrm{R}}$ 分别表示单元 i 和 m 公共边上的流场守恒量的左值和右值，并且通过重构格式来保证达到二阶精度；$\boldsymbol{D}(\boldsymbol{W}_{im,\mathrm{L}},\boldsymbol{W}_{im,\mathrm{R}})$ 表示人工引入的附加项，以

避免非物理的振荡。对黏性通量项采用标准的二阶中心格式。

时间推进采用双时间推进，即在每一真实物理时间步中加入伪时间层上的"子迭代"。从计算上来看，双时间法巧妙地将非定常问题转化为定常问题，计算的关键在于物理时间步内的伪时间推进，其迭代的收敛解就是下一个真实时间步的解。N-S 方程经过空间离散后，在全隐式时间格式下，对半离散形式的方程进行时间上的二阶向后差分，则式（2-10）变成

$$\frac{3W_i^{n+1}V_i^{n+1} - 4W_i^n V_i^n + W_i^{n-1}V_i^{n-1}}{2\Delta t} = -R_i(W_i^{n+1}, V_{\text{grid}}^{n+1}) \qquad (2\text{-}12)$$

其中，Δt 表示物理时间步长；n 表示物理时间（实时间）步数。该隐式表达式难以直接求解，常通过在方程左端加入守恒变量对伪时间 $\tilde{\tau}$ 的导数，构成伪时间迭代，即

$$\frac{\mathrm{d}(W_i^{n+1}V_i^{n+1})}{\mathrm{d}\tilde{\tau}} + \frac{3W_i^{n+1}V_i^{n+1} - 4W_i^n V_i^n + W_i^{n-1}V_i^{n-1}}{2\Delta t} = -R_i(W_i^{n+1}, V_{\text{grid}}^{n+1}) \qquad (2\text{-}13)$$

若令 $\tilde{R}_i(W_i^{n+1}, V_{\text{grid}}^{n+1}) = \dfrac{3W_i^{n+1}V_i^{n+1} - 4W_i^n V_i^n + W_i^{n-1}V_i^{n-1}}{2\Delta t} + R_i(W_i^{n+1}, V_{\text{grid}}^{n+1})$，则式（2-13）可以简写为

$$\frac{\mathrm{d}(W_i^{n+1}V_i^{n+1})}{\mathrm{d}\tilde{\tau}} = -\tilde{R}_i(W_i^{n+1}, V_{\text{grid}}^{n+1}) \qquad (2\text{-}14)$$

通过上述变换，方程转化为伪时间层上的隐式表达，则在求解第 $n+1$ 步时的已知量为：前两个时间步的流场守恒量 W_i^n、W_i^{n-1} 和网格体积 V_i^n、V_i^{n-1}；当前网格体积 V_i^{n+1}；网格速度 V_{grid}^{n+1}。未知变量仅为当前流场守恒量 W_i^{n+1}，则通过伪时间迭代求解，使方程左端的残值收敛到设定的标准[122]。

2.2.3　湍流模型

URANS 仿真中还需要引入湍流模型方程来使 N-S 方程封闭。根据文献中的研究经验，一方程的 S-A 模型和两方程的 SST k-ω 模型在跨声速抖振仿真中总体表现较好，本书研究也采用这两种模型。

1. S-A 湍流模式

S-A 湍流模型是经典的一方程湍流模式，它是基于量纲分析和经验准则，在伽利略不变量和分子黏性选择相关的基础上推导出来的[135]。S-A 模型虽然缺乏完备的理论基础，但却包含了丰富的经验信息。S-A 模型具有良好的鲁棒性和数值收敛性。从跨声速抖振的数值仿真来看，S-A 湍流模型能够较精确地模拟激波附面层干扰引起的分离流动。

用 S-A 模型求解基于涡黏假设的工作变量 $\bar{v}$，工作变量 $\bar{v}$ 满足以下的输运方程：

$$\frac{\mathrm{d}\bar{v}}{\mathrm{d}t} = \frac{1}{\sigma}[\nabla \cdot ((v+\bar{v})\nabla\bar{v}) + c_{b2}(\nabla\bar{v})^2] + c_{b1}\bar{S}\bar{v}(1-f_{t2})$$
$$-\left[c_{w1}f_w - \frac{c_{b1}}{\kappa^2}f_{t2}\right]\left[\frac{\bar{v}}{v}\right]^2 + f_{t1}(\Delta q)^2 \tag{2-15}$$

其中，涡黏系数为 $v_t = \bar{v}f_{v1}$，并且，$f_{v1} = \dfrac{\chi^3}{\chi^3 + c_{v1}^3}$，$\chi = \dfrac{\bar{v}}{v}$。

方程中的各种常量和变量函数定义如下：

$$\bar{S} = S + \frac{\bar{v}}{\kappa^2 d^2}f_{v2} \tag{2-16}$$

其中，d 为场点距物面的距离；κ 为冯·卡门常量；S 为湍流黏性大小

$$S = \left|\frac{\partial v}{\partial x} - \frac{\partial u}{\partial y}\right|$$

$$f_{v2} = 1 - \frac{\chi}{1+\chi f_{v1}}, \quad f_w(r) = g\left(\frac{1+c_{w3}^6}{g^6 + c_{w3}^6}\right)^{\frac{1}{6}}$$

式中，

$$g = r + c_{w2}(r^6 - r), \quad r = \frac{\bar{v}}{\bar{S}\kappa^2 d^2}$$

$$f_{t2} = c_{t3}\exp(-c_{t4}\chi^2)$$

$$f_{t1} = c_{t1}g_t\exp\left[-c_{t2}\left(\frac{\omega_t}{\Delta q}\right)^2(d^2 + g_t^2 d_t^2)\right]$$

以上方程中用到的常量为

$\sigma = \dfrac{2}{3}$，$c_{b1} = 0.1355$，$c_{b2} = 0.622$，$c_{w1} = \dfrac{c_{b1}}{\kappa^2} + (1+c_{b2})/\sigma$，$c_{w2} = 0.3$，

$c_{w3} = 2$，$\kappa = 0.41$，$c_{v1} = 7.1$，$c_{t1} = 1.0$，$c_{t2} = 2.0$，$c_{t3} = 1.1$，$c_{t4} = 2.0$

2. SST k-ω 湍流模式

SST（剪切应力输运）模式在近壁处采用 Wilcox k-ω 模式，其间通过一个混合函数来过渡，属于积分到壁面的可压缩湍流的两方程涡黏性模式[136]。

方程中的涡黏性定义为

$$v_t = \frac{a_1 k}{\max(a_1\omega, \varXi F_2)} \tag{2-17}$$

式中，$\varXi$ 是涡量的绝对值；$a_1 = 0.31$；F_2 是混合函数，表示为

$$F_2 = \tanh \left[\max \left(2 \frac{\sqrt{k}}{0.99\omega y}, \frac{500\mu}{\rho y^2 \omega} \right) \right]^2$$

v_t 的上述形式解决了湍流剪切应力在逆压梯度边界层的输运问题。k 和 ω 由相应的输运方程得到。

湍动能输运方程表示为

$$\frac{\partial \rho k}{\partial t} + \frac{\partial}{\partial x_j} \left[\rho u_j k - (\mu + \sigma_k \mu_t) \frac{\partial k}{\partial x_j} \right] = \tau_{tij} S_{ij} - \beta^* \rho \omega k \qquad (2\text{-}18)$$

涡流比耗散率方程为

$$\frac{\partial \rho \omega}{\partial t} + \frac{\partial}{\partial x_j} \left[\rho u_j \omega - (\mu + \sigma_k \mu_t) \frac{\partial \omega}{\partial x_j} \right] = P_\omega - \beta \rho \omega^2 + 2(1 - F_1) \frac{\rho \sigma_{\omega_2}}{\omega} \frac{\partial k \partial \omega}{\partial x_j \partial x_j} \qquad (2\text{-}19)$$

式（2-19）中右端最后一项代表交错扩散项，生成项 $P_\omega = 2\gamma \rho \left(S_{ij} - \omega S_{nn} \delta_{ij}/3 \right) S_{ij}$ $\approx \gamma \rho \varXi^2$。

式（2-19）中 F_1 表示为

$$F_1 = \tanh \left\{ \min \left[\max \left(2 \frac{\sqrt{k}}{0.99\omega y}, \frac{500\mu}{\rho y^2 \omega} \right), \frac{4\rho \sigma_{\omega_2} k}{CD_{k\omega} y^2} \right] \right\}^2 \qquad (2\text{-}20)$$

其中，$CD_{k\omega} = \max \left(\dfrac{2\rho \sigma_{\omega_2}}{\omega} \dfrac{\partial k \partial \omega}{\partial x_j \partial x_j}, 10^{-20} \right)$，代表了 $k\text{-}\omega$ 模式中的交叉扩散。

模式参数 β、γ、σ_k、σ_ω 用 ϕ 来表示，并用 ϕ_1 和 ϕ_2 分别表示原始 $k\text{-}\omega$ 模式系数和转化后的 $k\text{-}\varepsilon$ 模式系数，则它们之间的关系为

$$\phi = F_1 \phi_1 + (1 - \phi_1) \phi_2 \qquad \left(\phi_1 = \{\sigma_k, \sigma_\omega, \beta, \gamma\} \right) \qquad (2\text{-}21)$$

其中，内层模式系数为

$$\sigma_{k1} = 0.85, \quad \sigma_{\omega 1} = 0.5, \quad \beta_1 = 0.075$$

$$\gamma_1 = \beta_1 / \beta^* - \sigma_{\omega_2} \kappa^2 / \sqrt{\beta^*} = 0.440$$

外层模式系数为

$$\sigma_{k2} = 1.0, \quad \sigma_{\omega 2} = 0.856, \quad \beta_1 = 0.0828, \quad \beta^* = 0.09$$

$$\gamma_2 = \beta_2 / \beta^* - \sigma_{\omega_2} \kappa^2 / \sqrt{\beta^*} = 0.440$$

2.3　跨声速翼型抖振算例验证

NACA0012 翼型和 OAT15 超临界翼型是常用的两个二维跨声速抖振计算模

型，具有较丰富的风洞实验结果。因此，本节选择这两个标模开展计算参数的敏感性研究及抖振始发边界和抖振载荷预测，研究模型都是刚性静止的。

2.3.1 参数敏感性研究

本书首先针对 OAT15A 翼型开展计算网格密度和时间步长的敏感性研究，得到的结论与文献结果类似，即跨声速抖振仿真对计算网格密度和时间步长的要求较一般的非定常仿真要严格很多。

表 2-1 给出了采用的四套 OAT15A 翼型的计算网格参数，翼型模型采用钝后缘模型，计算网格均采用结构化 O 型网格，远场为 30 倍弦长。图 2-8 给出了 G3 网格的全局图和局部细节图，附面层第一层高度为 $5 \times 10^{-6}c$，无量纲壁面距离 $y^+ \sim 1$，网格单元数为 37145。

表 2-1　四套 OAT15A 网格参数

网格名称	网格编号	翼型节点数	网格点数
稀网格（G1）	G1	160	164×114
中等密度网格（G2）	G2	240	244×114
较密网格（G3）	G3	320	324×114
密网格（G4）	G4	480	484×114

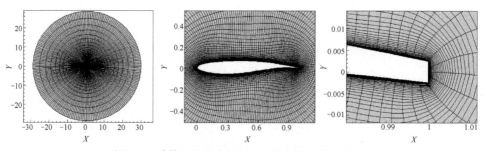

图 2-8　计算网格的全局图、局部图和后缘细节图

首先在 $MG=0.73$，迎角 $\alpha = 5°$ 状态，针对上述四套网格开展网格无关性验证计算，湍流模型采用 S-A 模型，计算的时间步长为 $2 \times 10^{-4}s$。表 2-2 给出了四套网格计算的升力系数响应及其功率谱分析结果。可以看出，稀网格（G1）的计算结果是收敛稳定的，无法模拟出抖振的非定常现象，而剩余三套网格都能计算出抖振的非定常现象。G2 网格的升力系数幅值略小，G3 和 G4 网格的结果基本一致，抖振频率也基本相等。这表明当网格达到一定的密度时，计算结果是收敛的。但是考虑到计算精度和效率的平衡，下面进行的分析均采用 G3 网格。表 2-3 给出了相同状态下不同时间步长下的仿真结果，计算网格采用 G3 网格。从中可以看出，时间

步长较大时, 计算结果是收敛稳定的, 没有非定常特征。随着时间步长的逐渐减小, 计算结果逐渐趋于一致。考虑到计算精度和效率的平衡, 后续计算采用的时间步长为 3×10^{-4}s。

表 2-2　四套网格计算结果比较

网格名称	C_{10}	$A(C_1)$	k_f
稀网格（G1）	0.96	0.0	—
中等密度网格（G2）	0.98	0.21	0.20
较密网格（G3）	0.987	0.22	0.215
密网格（G4）	0.987	0.22	0.215

表 2-3　不同时间步长下的计算结果比较

时间步长	C_{10}	$A(C_1)$	k_f
$dt=1 \times 10^{-4}$s	0.99	0.22	0.215
$dt=3 \times 10^{-4}$s	0.99	0.22	0.215
$dt=1 \times 10^{-3}$s	0.97	0.20	0.198
$dt=4 \times 10^{-3}$s	—	定常结果	—

进一步地开展湍流模型及数值格式的敏感性研究。表 2-4 给出了不同湍流模型及数值格式组合下抖振升力系数响应幅值和频率的比较, 计算状态为 $Ma=0.73$, $\alpha=3.5°$ 或 3.7°, $Re=3 \times 10^6$。对比发现, 湍流模型对计算结果影响较大, 而数值格式的影响相对较小。从响应幅值来看, SST 模型预测的抖振载荷偏大一些, 这也与文献结论一致。为了统一比较, 表中的频率采用无量纲减缩频率表示, 即 $k_f = 2\pi fb / U_0$, 按半弦长 b 和自由来流速度 U_0 归一化, 实验状态[24]（$Ma=0.73$, $\alpha=3.5°$）下的抖振减缩频率约为 0.21。也有文献采用施特鲁哈尔频率（$St = fb / U_0$）无量纲化, 该抖振状态下的施特鲁哈尔频率约为 0.033。从抖振响应频率来看, S-A 湍流模型计算的结果与实验数据吻合更好, 而 SST 模型预测的频率偏高一些, 这也与文献结论一致。图 2-9 给出了 S-A 湍流模型, AUSM 格式组合下的抖振响应历程及功率谱分析结果, 非定常载荷的简谐特性明显, 这表明二维抖振流动以单失稳模式下的单频特性为主。

表 2-4　不同湍流模型及数值格式组合下抖振升力系数响应幅值和频率

湍流模型	数值格式	α	ΔC_1	k_f
	ROE	3.5°	0.9～1.08	0.215
S-A	AUSM	3.5°	0.88～1.1	0.21
	AUSM	3.7°	0.86～1.12	0.22

续表

湍流模型	数值格式	α	ΔC_l	k_f
	ROE	3.5°	0.9～1.14	0.265
SST	AUSM	3.5°	0.93～1.14	0.287
	AUSM	3.7°	0.91～1.16	0.286

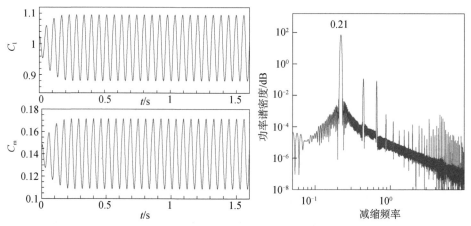

图 2-9　S-A 湍流模型，AUSM 数值格式组合下的抖振响应及功率谱分析

　　除了 OAT15A 翼型，本书作者还针对 NACA0012 翼型开展了类似的研究，在网格收敛性方面采用非结构网格，研究发现，在满足附面层模拟精度的基础上，网格单元 25000 以上，时间步长小于 4×10^{-4}s，采用 S-A 湍流模型和 AUSM 格式，可以获得较满意的结果。

　　综上所述，针对翼型抖振算例，本书后续计算均采用 S-A 湍流模型，空间离散格式采用 AUSM 格式，实时间步长取 3×10^{-4}s。

2.3.2　抖振载荷预测

　　本节通过 OAT15A 翼型验证抖振载荷预测的准确性。图 2-10 给出了翼型上表面脉动压力系数均方根的比较，图中还给出了 Deck[21]采用 Zonal-DES 方法的计算结果，比较发现，本书 3.5° 的计算结果较实验值稍微偏小，对激波前缘位置预测滞后一些，即本书计算的抖振强度略低一些，而 3.7° 迎角下的计算结果与实验值较接近。从 Deck 的仿真结果可以看出，其预测的激波前缘位置较实验靠前，即预测的抖振载荷偏大。这与文献中的经验一致，即 URANS 方法计算的抖振载荷偏小，因此，实际计算中通常稍微增大来流攻角以匹配实验结果。

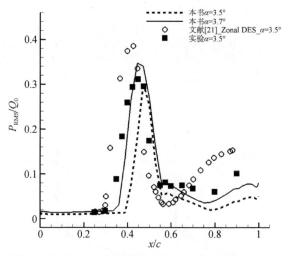

图 2-10　翼型上表面脉动压力系数均方根的比较（Ma=0.73，Re=3×10⁶）

风洞实验[22]结果还给出了在激波的一个振荡周期内不同相位下附面层内的速度型结果，其中相位示意图如图 2-11 所示。图 2-12 给出了来流迎角 $\alpha = 3.7°$ 时，翼型上表面 x/c=0.6 站位下 4 个典型相位的速度场云图和相应的附面层内速度型，其中 U_0 为来流速度，y_s 为该站位下翼型表面的纵向位置。由速度云图可看出，该站位处于激波之后，速度大于来流速度，附面层内速度变化较剧烈。但是在这 4 个相位下，本书计算结果与实验中的速度型结果吻合较好，表明本书的数值方法对跨声速抖振仿真具有较高的精度，能够较精确地预测抖振流动的非定常载荷特性及流场特征，可以满足后续研究的需要。

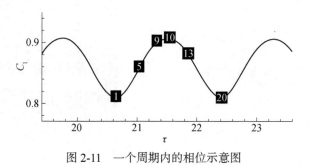

图 2-11　一个周期内的相位示意图

2.3.3　抖振边界预测

跨声速抖振始发边界是一系列马赫数和迎角组合，表示激波由静止转变为周期性振荡的转换边界。始发边界预测是跨声速抖振的一项重要研究内容。McDevitt 等[19]和 Doerffer 等[24]开展的风洞实验研究给出了 NACA0012 翼型在马赫数 0.7～0.8

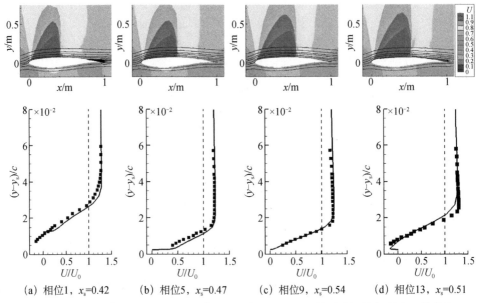

(a) 相位1，x_s=0.42　　(b) 相位5，x_s=0.47　　(c) 相位9，x_s=0.54　　(d) 相位13，x_s=0.51

图 2-12　不同相位下的速度云图及其附面层内速度型的比较（彩图请扫封底二维码）

范围内的抖振始发迎角，本节研究该翼型。计算域为非结构混合网格，其远场为 $20c$，网格节点数为 25361，设置 40 层黏性网格，近壁面处的第一层高度为 $5 \times 10^{-6}c$，无量纲壁面距离 $y^+ \sim 1$，计算网格如图 2-13 所示。计算采用 S-A 湍流模型，空间离散为 AUSM 格式，仿真时间步长为 $2.94 \times 10^{-4}\text{s}$。

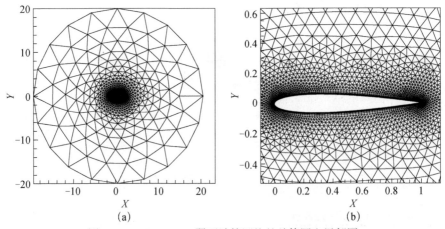

图 2-13　NACA0012 翼型计算网格的总体图和局部图

通过 URANS 仿真得到的非定常气动力幅值判定是否发生抖振，进而通过对迎角的遍历仿真搜索确定抖振始发攻角。首先以状态 Ma=0.7，Re=3×10^6 为例说明抖振边界的确定方法。来流迎角先从 2°以递增的方式增加到 6.5°，步长 0.2°，然后再以递减的方式减小到 2°，图 2-14 给出了两种递变方式下的平均升力系数和升力系数幅值随来流迎角的关系，发现平均升力系数在 4.8°出现拐点，按照平均升力法可以认为该迎角即为抖振起始迎角；同时在迎角为 4.8°时升力系数幅值较大，而 4.6°及其之前的升力系数幅值几乎为 0，则可以进一步确定 4.8°是状态 $Ma=0.7$，$Re=3 \times 10^6$ 下的抖振始发攻角。另外，发现正序增长和逆序增长的仿真结果几乎吻合，说明仿真结果的可靠性。

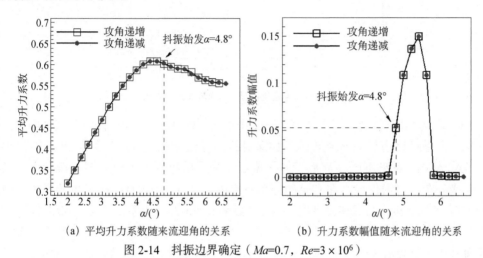

（a）平均升力系数随来流迎角的关系　　　　（b）升力系数幅值随来流迎角的关系

图 2-14　抖振边界确定（$Ma=0.7$，$Re=3 \times 10^6$）

图 2-15 给出的抖振始发边界与实验结果吻合很好，$Ma=0.7$ 时实验测得的抖振始发迎角为 4.74°，本书计算结果为 4.8°，两者几乎相等。另外，本书计算的结果明显好于文献计算结果。图 2-16 给出了 $Ma=0.7$ 时，无量纲抖振减缩频率随迎角的变化，随着迎角的增加，抖振频率略微增加，迎角为 5°时的减缩频率为 0.180，与风洞实验测得的抖振频率几乎相等。

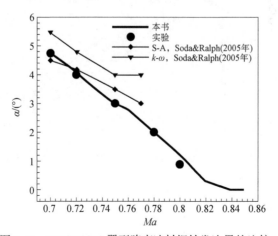

图 2-15　NACA0012 翼型跨声速抖振始发边界的比较

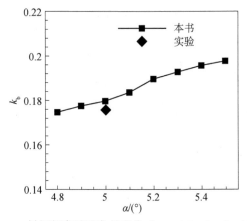

图 2-16　抖振频率随迎角的变化（$Ma=0.7$，$Re=3 \times 10^6$）

除了始发边界之外，还存在跨声速抖振的退出边界，虽然工程上对该边界关注较少，但是对该边界的研究有助于加深对跨声速流动稳定性的理解。图 2-17 给出了 NACA0012 翼型不同马赫数下的抖振始发和退出边界，可以发现抖振发生区域呈带状分布，抖振仅发生在有限的迎角范围内，如 $Ma=0.7$ 时抖振发生的迎角区域为 $4.8°\sim5.9°$。抖振始发和退出边界随马赫数呈近似的线性关系，这与 Crouch 等[35, 36]的线性稳定理论结果基本一致。进一步地，图 2-18 给出了不同来流状态下抖振的升力系数响应幅值和响应频率，在同一马赫数下随着来流迎角的增加，抖振升力系数响应幅值先增大后迅速衰减，响应频率增大。抖振响应的减缩频率在 $0.14\sim0.24$（施特鲁哈尔频率为 $0.022\sim0.038$），在文献[36, 37]的参考频率范围之内。

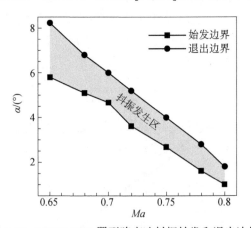

图 2-17　NACA0012 翼型跨声速抖振始发和退出边界

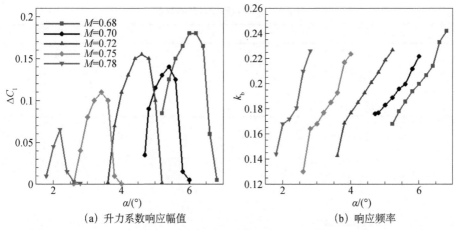

（a）升力系数响应幅值　　　　（b）响应频率

图 2-18　NACA0012 翼型不同来流状态下抖振的升力系数响应幅值和响应频率

2.4　机翼跨声速抖振算例验证

进一步地通过三维机翼的跨声速抖振算例验证本书 URANS 求解器的仿真精度。目前具有公开实验数据的三维抖振算例中以 CRM（common research model）机翼为典型代表，因此本书选取该机翼为验证算例。

2.4.1　CRM 模型介绍

CRM 模型是美国航空航天学会（AIAA）第四次阻力预测会议（AIAA CFD Drag Prediction Workshop）开始使用的标模[137]，可以在网站 http://commonresearchmodel.larc.nasa.gov/下载。2012 年第五次阻力预测会议还专门开展了跨声速抖振研究的专题[138]，因此具有较丰富的风洞实验数据和"背靠背"计算结果。该模型的几何参数如表 2-5 所示，机翼半展长为 634.6mm，参考弦长为 151.3mm。该模型的无尾、无短舱构型的俯视图如图 2-19 所示，图中还给出了风洞实验的压力测量截面。计算网格采用非结构混合网格，如图 2-20 所示，网格密度参照阻力预测会议提供的中等密度网格设置，网格数目为 5037749，节点数为 1961620，远场约为参考长度的 50 倍。物面设置 40 层黏性网格，近壁面处的第一层高度为 $2 \times 10^{-6}c$，无量纲壁面距离 $y^+ \sim 1$。

表 2-5　CRM 模型的几何参数

参数类型	参数值
参考面积	179014.2mm²
参考弦长	151.3mm
半展长	634.6mm
四分之一弦线后掠角	35°

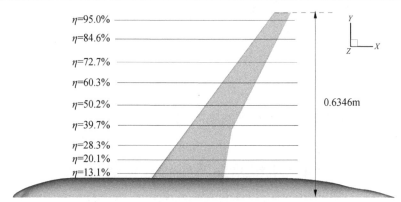

图 2-19　CRM 翼身组合模型的俯视图及各测压截面示意图

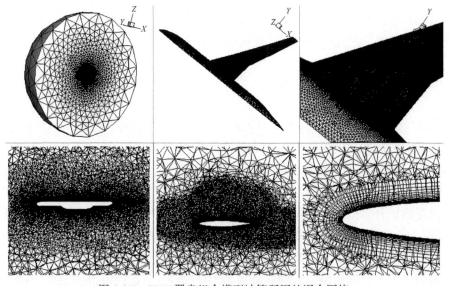

图 2-20　CRM 翼身组合模型计算所用的混合网格

2.4.2　定常算例验证

CRM 模型在跨声速来流状态下开展了多次实验，具有丰富的实验数据。本书首先选取定常状态 $Ma=0.847$，$\alpha=2.47°$ 开展 URANS 模拟，其中参考弦长雷诺数

为 $Re=2.2\times10^6$。图 2-21 给出了分别基于 S-A 湍流模型和 SST 湍流模型计算得到的翼身组合体上下表面的压力系数分布，其中计算网格为图 2-20 所示的混合网格，空间离散格式为 AUSM 格式。可以看出，两种湍流模型计算的压力分布几乎相同，都捕捉到了机翼上表面的激波。

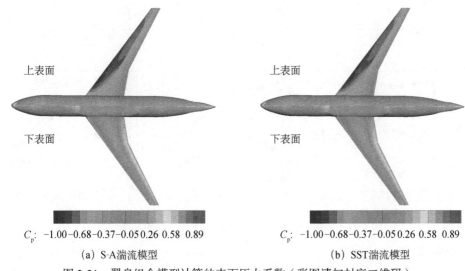

(a) S-A湍流模型　　　　　　　　　　　　(b) SST湍流模型

图 2-21　翼身组合模型计算的表面压力系数（彩图请扫封底二维码）

图 2-22 给出了机翼各截面上计算的压力系数分布与实验结果的比较。与表面压力云图的结论一致，两种模型的计算结果吻合较好，仅翼梢处预测的激波位置存在微小差别。同时，CFD 计算结果与实验结果基本一致，但是 CFD 仿真预测的激波位置靠后一些，这与文献[129]的结论一致，这可能是由本书计算的来流攻角并没有进行修正而造成的。图 2-23 给出了基于 SST 湍流模型计算得到的典型截面处的压力云图分布，本书的 CFD 仿真方法较精确地捕捉到机翼上表面的激波和下表面的弱激波，以及靠近翼梢处（$\eta>80\%$）上表面的二次激波等较复杂的流动特征。

2.4.3　抖振特性分析

我们进一步验证非定常抖振结果，抖振状态为 $Ma=0.85$，$\alpha=4.9°$，$Re=2.2\times10^6$，仿真采用 SST 湍流模型，空间离散为 AUSM 格式，实时间步长 $t=2\times10^{-4}s$。升力系数的时间响应历程及其功率谱分析结果如图 2-24 所示，可以发现，机翼抖振的脉动升力系数响应特性与翼型抖振显著不同，机翼抖振的谐振特性明显变差，小幅高频响应特征不可忽略。抖振响应的主频 $f\approx60\mathrm{Hz}$，其施特鲁哈尔频率 $St\approx0.03$（施特鲁哈尔频率定义为 $St=fb/U_0$），高频 $f\approx400\sim600\mathrm{Hz}$，对应的施特鲁哈尔频率 $St\approx0.21\sim0.31$。从文献结果可知，$St\approx0.03$ 的低频响应主要是由激波

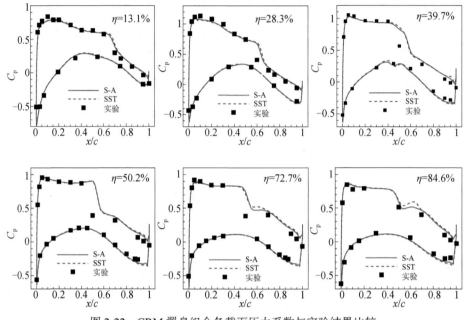

图 2-22　CRM 翼身组合各截面压力系数与实验结果比较

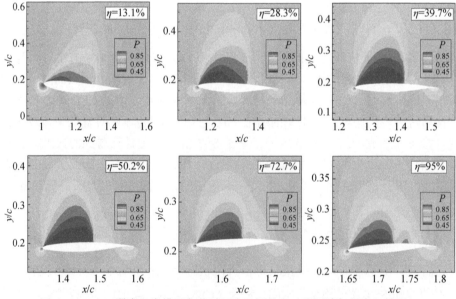

图 2-23　CRM 翼身组合模型各截面压力云图分布（彩图请扫封底二维码）

弦向大幅运动导致的，这与翼型抖振特征类似，都是由二维特征主导的。而 $St \approx$ 0.21～0.31 的高频响应与三维效应引起的二次失稳有关，这些高频响应是三维抖振复杂性的重要体现。接下来将从机翼表面流动及压力响应分析三维抖振的复杂响应及频谱特性。

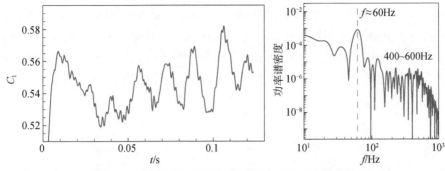

图 2-24　机翼抖振状态下升力系数响应及其功率谱分析

图 2-25 给出了各截面压力系数随时间的变化，可以发现明显的激波振荡。除了靠近翼根的截面 $\eta = 20.1\%$ 之外，各截面的激波振荡范围较大，$\eta = 50.2\%$ 截面的振荡范围接近 0.4 倍弦长，与二维抖振强度相当。另外，我们注意到，随着截面靠近翼梢，激波的起始振荡点越来越接近前缘，同时激波后的压力振荡也很明显。尤其是截面 $\eta = 72.7\%$ 和 $\eta = 84.6\%$，激波后存在明显的高频压力脉动，这与翼梢处的 K-H 型失稳有关，这也是三维抖振的独特之处。

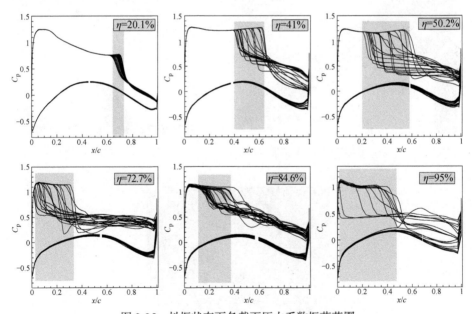

图 2-25　抖振状态下各截面压力系数振荡范围

图 2-26 给出了机翼上表面平均压力系数分布及其与文献结果的比较，其中抖振响应的采样区间为图 2-24 所示的 0.06～0.12s。可以看出，本书计算结果与文献的 DES 仿真结果特征类似，激波并不沿机翼平行分布，而是具有明显的展向特征。图 2-27 给出了采样段内机翼上表面压力系数的均方根分布及其与文献的 DES

结果[139]和实验结果[115]的比较，其中较大的均方根值表示较剧烈的压力波动。因此，图中前缘的深色条带即表示激波晃动的区域，而后缘的浅色区域表示激波后的分离区范围。虽然本书的计算结果过分地预测了激波的晃动范围，但是依然捕捉到了激波振荡引起的动态特性，如激波的弦向振荡、靠近翼根处微幅的压力波动和翼梢处的压力波动拐折等。

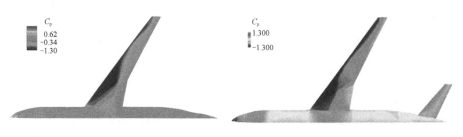

(a) 本书URANS结果　　　　　　　(b) 文献DES结果[139]

图 2-26　机翼上表面平均压力系数分布与文献结果的比较（彩图请扫封底二维码）

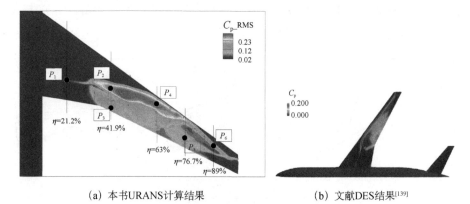

(a) 本书URANS计算结果　　　　　　　(b) 文献DES结果[139]

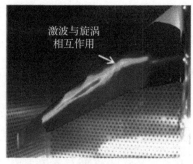

(c) 风洞实验结果[115]

图 2-27　机翼上表面压力系数的均方根分布与文献结果的比较（彩图请扫封底二维码）

　　根据图 2-27（a）中脉动压力均方根的分布，我们选取了六个典型的站位（$P_1 \sim P_6$），并给出了其压力系数时间响应及其功率谱分析结果，如图 2-28 所示。从图中可以看出 P_1 点靠近翼根处，压力脉动很小，并且没有明显的主频特性。P_2 点和 P_4 点位于激波剧烈晃动区域，因此压力系数波动幅值高达 0.7 以上，响应频

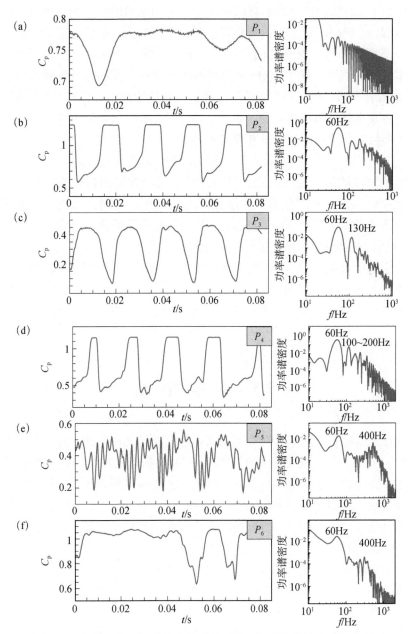

图 2-28　机翼上表面各监控点的压力系数时间响应及其功率谱分析

率的主频约 60Hz，其他次峰近似为该频率的倍频。P_3 点位于激波后的分离区，可以看出压力系数波动幅值明显小于激波振荡区，但是其时间响应仍然具有较好的周期性，功率谱峰值约为 60Hz，与激波晃动频率一致。因此，这几个点本质上都是由激波的弦向运动决定的，即与二维抖振特性类似，施特鲁哈尔频率 St 约为 0.03，但是各截面的响应存在明显的相角差。升力系数的低频响应也是由激波的弦向运动引起的。P_5 和 P_6 点靠近翼梢段，其中 P_5 位于激波振荡范围区域，P_6 位于激波后分离区域，可以发现这两点的压力脉动幅值小于机翼中部的激波主振荡区域。功率谱分析表明，除了 60Hz 的低频响应外，还存在明显的高频振荡，频率约为 400Hz。高频振荡是由三维效应的 K-H 型失稳造成的，并且其失稳频率 $St \sim 0.21$ 与风洞实验及文献计算结果吻合。因此，本书的 URANS 计算方法能够在一定程度上预测三维抖振的非定常现象及其频率特性。

以上分析表明，三维机翼的跨声速抖振特性由两方面决定。一是激波附面层干扰引起的激波的低频弦向振荡，其失稳模式与绕翼型的抖振流动类似，但是由于三维效应的作用，不同截面上激波振荡的相角并不相同，因此机翼表面流动的时间响应表现为类似"蛇形"的流动形式，即表现出激波的展向失稳模式。P_2、P_3 和 P_4 点的非定常响应主要就是由这种失稳模式决定的。另一方面是翼梢的 K-H 型失稳引起的高频非定常流动，并且其与二维特征主导的激波低频振荡相互耦合，造成翼梢处非常复杂的流动特性，如 P_5 和 P_6 点所示，但是具体的耦合机理目前并不清楚，本书的 URANS 方法并不能精细地刻画这种高频流动的动态特性。

2.5　本 章 小 结

本章首先综述了近年来针对典型的跨声速复杂流动——跨声速抖振在数值仿真方面取得的研究进展，重点介绍了二维和三维抖振流动的数值仿真策略及流动特性。接着简要介绍了基于非结构网格技术的 URANS 求解方法，包括时间空间离散方法和湍流模型，其中湍流模型介绍了两种适合于抖振仿真的 S-A 模型和 SST 模型。最后以绕二维翼型和三维机翼的跨声速抖振为算例验证了上述数值方法对这类复杂流动仿真的准确性。

仿真结果表明，基于 S-A 湍流模型的 URANS 方法可以有效地模拟跨声速翼型抖振流动特性。针对 OAT15A 超临界翼型，虽然计算的抖振载荷稍低于实验结果，但是抖振频率预测较准确。针对 NACA0012 翼型，该仿真方法在较大的马赫数范围内都能较准确地预测抖振的始发和退出边界以及抖振频率。

针对 CRM 机翼的仿真结果表明，基于 SST 湍流模型的 URANS 方法还可以有效地模拟跨声速机翼抖振流动特性。机翼的跨声速抖振特性较翼型抖振复杂很多，表现为多失稳模式下的宽频特性。虽然激波的弦向运动依然是主要流动特征，但是由于三维效应的作用，还会诱导发生激波的展向失稳，这两类失稳都表现为低频特性。此外，翼梢处的 K-H 型失稳导致了高频流动特性，并且与前两类激波失稳相互耦合，形成了较复杂的流动特性。

第3章 流动稳定性分析及建模

3.1 综 述

非定常流动的模拟及特性分析一直是流体力学研究的重点和难点。随着计算机水平的大幅提高，各种层次的 CFD 仿真方法（URANS、DES、LES 以及 DNS等）为非定常流动研究提供了有力的工具。它们直接从流动基本方程出发，较真实地模拟了流动的非定常特性，除了可以提供完整的气动力时域响应规律，还可以给出丰富的流动演化细节。因此，CFD 仿真方法已经成为目前最重要的非定常流动研究手段之一。

然而，CFD 仿真方法有两个突出的缺点。一是计算量大、耗时多、效率较低。LES 和 DNS 方法由于庞大的计算量（跨声速抖振的雷诺数一般都是百万以上），目前还处于探索阶段[108, 109]；URANS 和 DES 方法虽然已经成功地应用于跨声速抖振仿真，但是若开展流固耦合或流控耦合仿真，其计算量依然较大，工程中难以应用。二是不便于开展耦合系统的参数及机理分析。虽然 CFD 时域仿真可以给出丰富的非定常流动响应细节，但是并不能直接给出流动失稳的本质模态特征，进而难以开展流固耦合或流控耦合系统的理论分析和设计。

流动的稳定特性分析及建模是克服 CFD 方法上述缺点的主要途径，即通过有限的 CFD 仿真数据构造能够描述原本复杂高阶流动系统主要特征的低阶模型。事实上流场（流动系统）也存在特定意义上的特征模态，这些特征模态及其对应的特征值可以告诉我们关于复杂流动基本物理行为的信息。并且研究表明，流场仅存在某些少量占优特征模态，因此我们可以通过这些少量占优模态重构一个高效的气动力计算模型，实现流动的降维，进而取代 CFD 仿真方法。这种高效高精度的气动力模型对气动弹性分析和流动控制研究有特别重要的意义。目前存在两类典型的分析及建模方法：流场特征提取类方法和系统辨识类方法。

流场特征提取类方法也称为灰箱模型，包括本征正交分解法（proper orthogonal decomposition，POD）方法和动模态分解法（dynamic mode decomposition，DMD）方法。POD 方法是基于采样数据建立的对原系统的最优子空间描述。这种方法将采样流场分解成若干空间正交模态，按照能量（即特征值）大小排序各气动模态（流动本征结构）的重要性。Lumley 首先将 POD 方法引入了湍流领域。目前，POD 方法已经应用于多种复杂非定常流动的特性分析，如不稳定空腔流动、钝体绕流等。基于得到的 POD 模态，还可以构建这些非定常流动的动力学模型，预测任意时刻的模态系数，从而实现流场的重构与预测。文献[140]～文献[142]将该方法成功地应用于低速非定常流动的降阶及预测。除了传统的通过投影构建降阶模型，还可以结合系统辨识的方法获得流场的模态系数，如 Rowley 等[143]基于最小近似原则，发展了 BPOD（balanced-POD）方法，并成功应用于大攻角平板绕流的降阶及控制。Everson 和 Sirovich[144]在原有 POD 方法的基础上发展了一种 gappy POD 方法，该方法可以修复缺失数据，被成功应用于重构压力场数据，仅使用有限的翼型表面压力数据和少数阶 POD 模态就能重构整个流场的压力数据。

一些学者的研究表明，与亚声速流场的重构结果相比，跨声速流场需要更多的 POD 模态，并且对于激波运动主导的非定常流动，即使已经选取了较多的 POD 模态，仍然得不到较理想的重构精度[145]。这主要是由于，含有激波的跨声速流动的 POD 基中含有"高频波"模态，在流场重构时为了保证激波处重构的精度，其他区域的"高频波"往往不能相互抵消，从而在激波附近出现了波动现象，造成流场的外插精度较低。

DMD 是另一种常用的流场特征提取类分析及建模方法。该方法最早由 Schmid[146]提出，并用于方腔流、圆柱间喷流等复杂流动的本征结构及失稳演化规律的研究。与 POD 中模态排序原则不同，DMD 分析中按照频率对系统模态进行排序，提取出系统的特征频率，进而反演不同频率的流动结构对流场的贡献。此外，DMD 方法不需要复杂的模态投影转换，得到的动态模态具备时间动力学特征，流场演化可以通过各个模态特征值随时间的变化进行描述。只要采样快照足够丰富，所得到的主要占优模态就能够刻画流动的动力学特性。因此，DMD 方法非常适用于跨声速抖振等复杂不稳定流动的稳定性及其非定常特性研究[147-149]。但是 DMD 方法用于带外输入下的非定常流动建模还存在若干技术难点，因此，目前的 DMD 方法并不能直接用于流固耦合分析和流动控制问题。

系统辨识类方法主要包括 Volterra 级数模型，带外输入的自回归（autoregressive with exogenous input）模型和系统特征实现（eigensystem realization algorithm，ERA）模型。这类模型主要是通过辨识方法构建系统的有限输入和输出之间的传递函数关系，传函的维数由输入和输出的变量数目决定[150]。这类方法在流动建模中经常被称作"黑箱模型"，其本质上并不需要进行像第一类方法那样模态特征提取的复杂求解。但是两类方法得到的流动主导（占优）模态本质上是一样的，只是刻画方式不同，特征提取类方法包含模态的本征结构，能给研究者提供分析流场演化机理的便利。然而，这种描述输入-输出的低阶"黑箱模型"在开展多学科耦合研究时具有无可比拟的优势，不仅能够快速得到耦合系统的稳定特性，节约计算成本，还能帮助研究者深入理解相关复杂物理现象的本质机理（如稳定特征值随马赫数的变化规律）。近年来，该领域研究已经取得了快速的发展。Silva[151]首先开展 Volterra 级数的气动力建模，并用于气动弹性分析。2000 年左右该方法吸引了大批的研究者[152, 153]，但是近几年该方法逐渐丧失了其生命力。这一方面是由于 Volterra 级数二阶核的构建计算量很大，而一阶核模型应用范围有限。另一方面，Volterra 级数模型不包含系统自身输出的反馈，这也是该方法的天生缺陷。ARX 模型和 ERA 模型受到了学术界的持续关注，目前已经广泛应用于气动弹性的研究。例如，张伟伟等将 ARX 方法应用于气动弹性分析[154, 155]、颤振速度预测[156-158]、气动弹性优化[159-161]、阵风响应分析及减缓设计[74, 162]、伺服气动弹性分析[85, 163]和叶轮机气动力建模及气动弹性分析[164]等。ERA 方法也被应用于颤振分析和阵风减缓等研究中[165-167]。在不稳定流动建模及流动控制方面，这两种方法也表现出了很好的适应性。如 Zhang 等[168]将 ARX 应用于低雷诺数圆柱绕流的建模，获得了理想的线性模型。Ma 等[169]、Brunton 等[170]、Flinois 等[171]通过 ERA 分别针对平板大迎角绕流、台阶流动以及钝体低雷诺数绕流构建了降阶模型，并开展闭环控制律设计研究。胡海岩教授团队在非定常气动力建模及其相关应用方面也取得了诸多原创性的成果[172-176]。

　　近年来，机器学习成为各行各业的研究热点[177]，有望成为解决传统气动弹性问题的重要研究手段。国内外已有许多学者将机器学习方法成功地应用于气动弹性领域。西北工业大学张伟伟教授团队在该方向开展了长期大量的研究，先后发展了基于径向基函数神经网络（radial basis function neural network，RBFNN）[178, 179]和长短时记忆神经网络（long short-term memory neural network，LSTMNN）的非定常气动力建模方法[180]，这些方法能够准确地把握不同流动和结构参数下的动态气动力与气动弹性响应特征；西安交通大学的陈刚教授团队[181]和南京航空航天大学的黄锐团队[182]分别基于支持向量机（support vector machine，SVM）建立了跨声速和高超声速非定常气动力降阶模型，并成功应用于气动弹性特性的预测；哈尔滨工业大学李惠教授团队发展了一种基于 LSTM 的两自由度非定常自激力模型，并通过与实验结果的对比来验证模型的精度[183]；北京航空航天大学的谢长川从结构大变形角度利用 SVM 方法建立了结构变形的降阶模型[184]；德国慕尼黑工业大学 Winter 团队使用基于模糊神经网络的时域非定常广义气动力模型预测三维机翼模型的气动力和气动弹性特性[185]。从目前的研究状况来看，机器学习在气动弹性领域的研究应用工作仍有很长的路。

　　本章首先基于 DMD 方法开展跨声速抖振流动的特征模态提取及稳定特性分析，然后分别通过 ARX 和 ERA 方法构建跨声速抖振及其附近状态流动的线性低阶输入-输出模型，这些模型是开展相关复杂气动弹性现象机理分析和跨声速抖振闭环控制律设计的基础。

3.2　基于 DMD 技术的流动稳定性分析

3.2.1　DMD 分析方法

DMD 方法是数据驱动型模型，只基于流动快照而不受模型和控制方程限制，通过提取流动中的本征模态，从而准确地描述流动结构。分析的数据来源是数值仿真或物理实验记录的流场信息，以快照序列矩阵 X 和 Y 的形式呈现：

$$X = \{v_1, v_2, v_3, \cdots, v_{N-1}\} \tag{3-1}$$

$$Y = \{v_2, v_3, v_4, \cdots, v_N\} \tag{3-2}$$

其中，v_i 代表第 i 个时刻流场；快照采样时间间隔为 Δt。

假设流场 v_{i+1} 与 v_i 之间存在线性映射 $H \in \mathbb{R}^{M \times M}$，即

$$v_{i+1} = Hv_i \tag{3-3}$$

并且上述映射关系对全部区域和整个时间段内的采样都满足。如果动态系统本身是非线性的，则这个过程就是一个线性估计过程，即通过线性假设实现非线性估计。因此采样快照序列之间满足如下关系：

$$Y = \{v_2, v_3, v_4, \cdots, v_N\} = \{Hv_1, Hv_2, Hv_3, \cdots, Hv_{N-1}\} = HX \tag{3-4}$$

因此，系统矩阵 H 能够将时-空物理场沿时间维度平移 Δt，H 的特征值刻画了 Y 的时间演化特性。然而，实际应用中 H 是很高维的矩阵，因此，我们希望将 H 转化为一个小型低维等价矩阵，并用该矩阵的特征值来估算 H 的特征值。DMD 算法就是寻找低维矩阵 $\widetilde{H} \in \mathbb{C}^{r \times r}$ 来代替高维矩阵 H，即

$$H = U\widetilde{H}U^* \tag{3-5}$$

其中，U 可通过 X 的奇异值分解得到，即

$$X = U\Sigma V^* \tag{3-6}$$

这里，Σ 是一个 $r \times r$ 的对角矩阵，有非零的对角元素 $\{\sigma_1, \sigma_2, \cdots, \sigma_r\}$，$U \in \mathbb{C}^{M \times r}, U^*U = I$，$V \in \mathbb{C}^{r \times N}, V^*V = I$，$I$ 为单位矩阵。矩阵 $\widetilde{H}$ 的求解可以看作最小化问题：

$$\min_{\widetilde{H}} \left\| Y - U\widetilde{H}\Sigma V^* \right\|_F^2 \tag{3-7}$$

其中，$\|\cdot\|_F^2$ 为 Frobenius 范数。因此可将 H 近似为

$$H \approx \widetilde{H} = U^*YV\Sigma^{-1} \tag{3-8}$$

由于矩阵 $\widetilde{H}$ 是 H 的最优低维近似矩阵，$\widetilde{H}$ 的特征值是 H 的一部分，即 Ritz 特征值。定义第 j 个模态的特征值为 μ_j，对应的特征向量为 w_j，则该模态的增长

率和频率定义为

$$g_j = \mathrm{Re}\{\log_{10}(\mu_j)\} / \Delta t \qquad (3\text{-}9)$$

$$\omega_j = \mathrm{Im}\{\log_{10}(\mu_j)\} / \Delta t \qquad (3\text{-}10)$$

动态 DMD 模态定义为

$$\boldsymbol{\Phi}_j = \boldsymbol{U} \boldsymbol{w}_j \qquad (3\text{-}11)$$

通过 Ritz 特征值（或模态增长率）可以判断对应模态的稳定特性，如果 Ritz 特征值落在单位圆内（增长率小于零），则代表收敛模态；落在单位圆外（增长率大于零），则代表发散模态；落在单位圆上（增长率接近零），则为稳定周期性模态。

　　DMD 分析中，另一个主要问题是将最重要的物理模态从众多数值模态中提取出来。然而，选择主要模态的准则并不唯一。研究者提出了多种选取原则，如 Rowley 等[147]定义了基于全局能量范数的度量指标；Schmid[146]定义了基于动模态投影幅值的度量标准；Sayadi 等[186]提出一种参数化 DMD 算法，定义了与时间相关的模态振幅作为模态选择准则。在处理周期性流动或者纯动态线性系统时，无论采用上述哪种模态选择准则，往往都能准确得到主要模态特性。这是因为，大多数周期流动，占优物理模态与数值模态之间的量级相差很大，所以主要的动态物理模态识别较容易。然而，对于不稳定系统，如存在振荡激波的动态非线性流动，系统内部几个主频比较接近或者包含多个主频，且存在更多数值上衰减的瞬时流场，因此上述准则难以获取主要模态。这时必须兼顾各个模态对流场初始特征和流场发展过程的影响。基于此，Kou 和 Zhang 近期提出了一种更为简单的模态选择准则[187]，定义了时间影响系数的度量指标，进而得到考虑了各个模态随时间变化的主要动态模态。

　　采用主要模态描述流场的过程表示为

$$\boldsymbol{x}_k = \sum_{j=1}^{m} c_{kj}(t) \tilde{\boldsymbol{\Phi}}_j \qquad (3\text{-}12)$$

其中，$\tilde{\boldsymbol{\Phi}}_j$ 为第 j 个按照模态范数进行归一化的模态；c_{kj} 为 k 时刻下第 j 个模态的时间系数。在这种表达之下，各个模态对流场的作用被规范化，而决定该模态对当前时刻流场影响的唯一参数就是时间系数 c_{kj}。如果时间系数的绝对值大，说明当前时刻该模态占据着流动的主要特征。将该绝对值按照时间积分，就可以得到该模态在整个样本空间内对流场全局行为的影响。这个量被定义为 DMD 的模态影响系数 Θ，对于第 j 阶模态，其影响系数 Θ_j 可以表示为

$$\Theta_j = \sum_{i=1}^{N} \left|(\mu_j)^{i-1} \alpha_j\right| \left\|\boldsymbol{\Phi}_j\right\|_F^2 \cdot \Delta t \qquad (3\text{-}13)$$

　　由于该参数考虑到各个模态对整个样本空间内流场的贡献，因此能够将一些数值产生的大阻尼瞬态模态排除掉，同时按照各个模态对整个样本的贡献进行排序。因此，该准则更加关注各个模态对流场的全局行为，筛选出的模态更能表征流场的

本征动力学特征。

3.2.2　流动的稳定性分析

1. NACA0012 翼型抖振流动

本书首先针对 NACA0012 翼型开展翼型抖振的 DMD 模态分析。图 3-1 给出了 Ma=0.7，α= 5.5°状态下的力系数响应，其中在无量纲时间 621 $<$ t $<$ 827 范围内记录了 300 个时刻的流动作为流场快照，该时间段内力系数响应达到稳定的极限环状态。

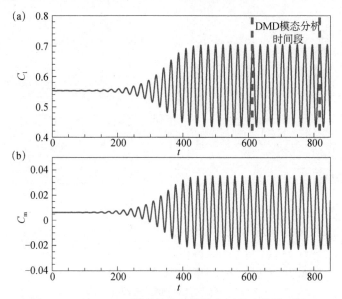

图 3-1　NACA0012 翼型的力系数响应历程及采样区间

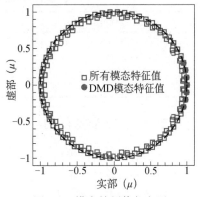

由前人研究中可知，对大部分不稳定周期性流动的描述一般不超过 10 个全局占优模态。因此，本书选择了按改进排序准则得到的前四阶全局模态（除了第一阶外其他都是共轭模态，实际上本书选择了七阶）。图 3-2 给出了响应模态的 Ritz 特征值，其中虚线代表单位圆。本书发现特征值都位于单位圆附近，这与采样快照的稳定极限环属性相一致。图 3-3 给出了选择的前四阶模态的压力云图分布，响应的模态增幅率和频率如表 3-1 所示，其中频率已经转化为减缩频率的形式（ $k_\mathrm{f}=2\pi fb/U_0$ ）。本书

图 3-2　模态特征值与主要 DMD 特征模态分布

发现，模态 1 的增幅率和频率都为零，这表明该模态是一个静模态，并且与平均流场近似。而其他模态都反映了振荡激波引起的相关特性。第二阶模态的频率为0.196，与该状态下 CFD 仿真得到的抖振频率（0.2）几乎相等。第三阶和第四阶模态频率近似为第二阶模态的两倍或三倍。因此，第二阶模态是主导该状态下跨声速抖振流动特性的全局模态。从压力云图看，该模态主要表示激波的振荡区域，即翼型抖振的不稳定性和非定常特性都是由激波的振荡引起的，这与风洞实验及数值计算得到的现象一致。

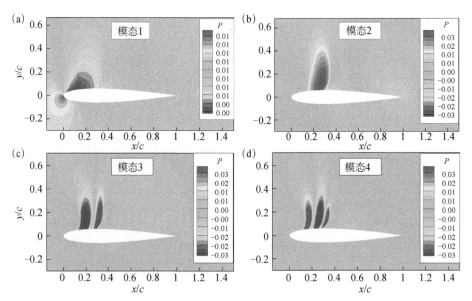

图 3-3　NACA0012 翼型跨声速抖振流动的前四阶 DMD 模态（$Ma=0.7$，$\alpha=5.5°$）
（彩图请扫封底二维码）

表 3-1　前四阶 DMD 模态的增幅率和减缩频率

模态	增幅率	减缩频率
1	0	0
2	3.75×10^{-6}	0.196
3	3.86×10^{-5}	0.393
4	1.20×10^{-6}	0.588

2. OAT15A 翼段的抖振流动

第 2 章中的抖振响应特性分析已经表明，二维和三维抖振特性存在明显的区别，三维效应使机翼的抖振特性更复杂，但是从时域响应分析很难获得抖振沿机翼展向流动的演化过程及失稳机理。因此，这里通过 DMD 方法提取机翼抖振的失稳模态。

为了考虑展长因素对三维抖振特性的影响，这里研究首先针对 OAT15A 翼型生成的不同展长的三维翼段，其中基础网格采用 2.3.1 节中翼型的结构化网格，拉

伸方向层高 $\Delta z=0.01c$，满足三维特性仿真需求，各模型基本参数如表 3-2 所示。与 2.4 节中介绍的仿真方法类似，湍流模型采用 SST 模型，空间离散采用 AUSM 格式，时间步长为 $\Delta t=0.0002s$，翼段两端面为对称边界条件。抖振流动状态为 $Ma=0.73$，$\alpha=4.0°$，$Re=3\times10^6$。

表 3-2　OAT15A 翼段模型参数

网格序号	拉伸层数	模型展长
M2	25	0.25c
M3	100	1.0c
M4	300	3.0c

图 3-4 给出了展长分别为 0.25c（M2）和 3c（M4）模型的机翼表面压力均方根分布，同时图 3-5 给出了两个模型典型位置下的压力系数的时间响应及其功率谱分析。可以看出，M2 模型的激波振荡特性主要由弦向特征决定，不同截面的压力系数响应几乎重合，且响应频率与激波弦向振荡频率一致，如图 3-5（a）所示。而 M4 模型具有较明显的展向特性，虽然激波主振区的弦向特征依然明显，但是激波后的分离区由展向特征主导，这也体现在图 3-5（b）中的压力系数响应中，靠近后缘点的各截面的压力系数响应存在明显的相角差。

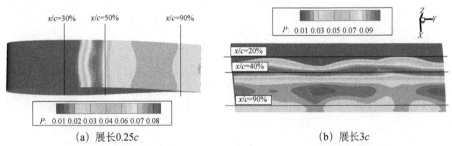

(a) 展长0.25c　　　　　　　　　　　　　(b) 展长3c

图 3-4　OAT15A 翼段模型表面压力均方根分布（彩图请扫封底二维码）

图 3-6～图 3-9 分别给出了 OAT15A 翼型和表 3-2 中所示的翼段模型的抖振流动的前四阶 DMD 模态。其中图 3-6 所示的翼型物面气动模态与图 3-4 所示的对称面气动模态类似，压力分布（颜色条带）完全与机翼前缘平行，表明气动模态完全由二维特性控制。图 3-7 和图 3-8 中的气动模态虽然捕捉到了一定的展向特性，但是依然由弦向特性主导，高阶模态的压力条带连续间隔分布，且与机翼前缘近似平行，与二维特性差异不大，这也与图 3-5（a）中的时域响应结果一致。图 3-9 中给出的展长为 3c 的抖振模态表明，虽然前两阶依然是由弦向主导的激波振荡模态，但是后两阶的压力条带沿展向交替分布，是明显的展向特征模态。展向失稳模态和弦向失稳模态共同作用导致了 M4 模型的较复杂的响应特性。对比发现，模型展长是决定抖振展向特征的因素之一，展长越长，展向流动特性越明显，与弦向特征耦合形成越复杂的抖振响应。该结论与 Iovnovich 等[125]的数值仿真结果一致。

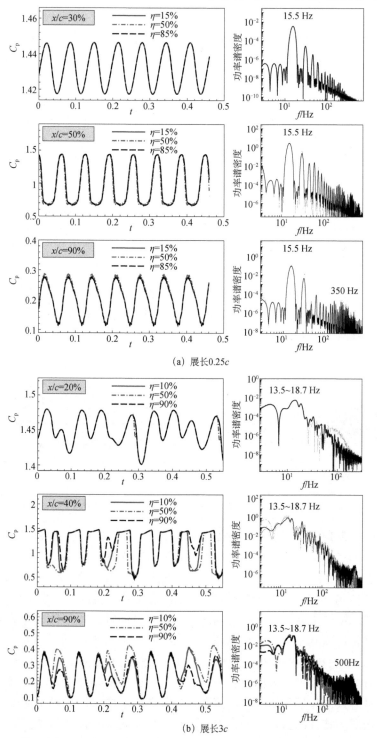

（a）展长0.25c

（b）展长3c

图 3-5　典型位置处压力系数的时间响应及其功率谱结果（彩图请扫封底二维码）

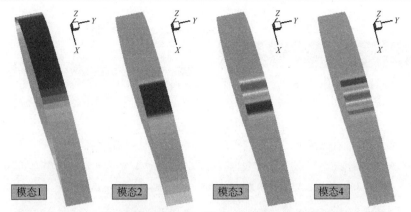

图 3-6　OAT15A 翼型抖振流动的前四阶 DMD 模态（彩图请扫封底二维码）

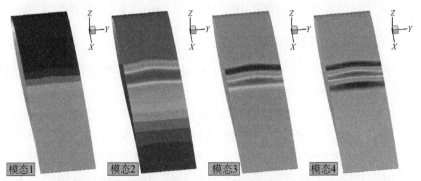

图 3-7　展长 0.25c 的翼段抖振流动的前四阶 DMD 模态（彩图请扫封底二维码）

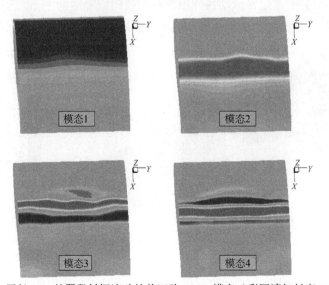

图 3-8　展长 1.0c 的翼段抖振流动的前四阶 DMD 模态（彩图请扫封底二维码）

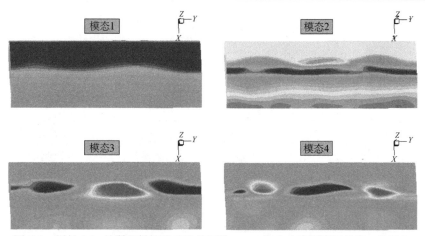

图 3-9　展长 $3.0c$ 的翼段抖振流动的前四阶 DMD 模态（彩图请扫封底二维码）

3. AVERT 后掠机翼的抖振流动

本书进一步研究 AVERT 后掠机翼的跨声速抖振气动模态特性。该模型同样基于 OAT15A 翼型，翼根弦长为 0.45m，展长为 1.225m，后掠角为 30°，根梢比为 2，在 DLR 的 S2MA 风洞中开展了系列实验[114]。计算的来流状态为 Ma=0.82，α=4.5°，Re=3×10^6。该模型的抖振频谱特性及非定常流动特性与 CRM 模型计算结果类似，具有多失稳模态及宽频特点。图 3-10 给出了该状态下的机翼上表面压力脉动的均方根分布，典型监控点下的时间响应及功率谱分析结果如图 3-11 所示。机翼上大部分的非定常流动特性由激波的弦向低频运动主导，靠近翼梢的非定常特性由激波及高频 K-H 失稳诱导的湍流脉动共同决定。

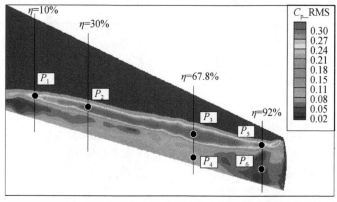

图 3-10　AVERT 机翼上表面抖振流动脉动压力均方根分布（彩图请扫封底二维码）

图 3-12 给出了根据采样流场分析得到的前四阶 DMD 模态云图，可以看出，除了第一阶静模态之外，其他三阶模态（包括未显示的更高阶模态）都是由展向特

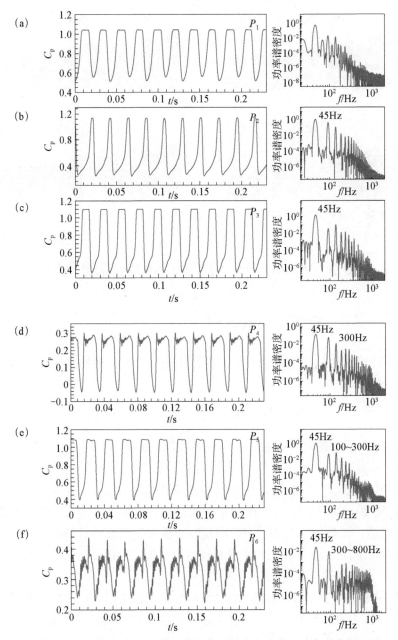

图 3-11 AVERT 机翼上表面典型位置的压力响应及功率谱分析

征主导，并且倍频特征明显。与无后掠平直机翼相比，AVERT 模型的展向流动特性更加明显，这表明后掠效应对抖振展向失稳影响更大，这与 Iovnovich 等[125]的仿真结果类似。但是目前的分析结果中都没有明显的翼梢高频失稳模态，这是由于目前的仿真采用 URANS 方法，而该方法对高频小尺度的湍流脉动的模拟能力有限。

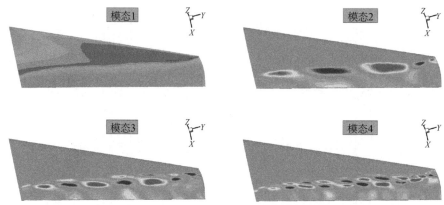

图 3-12　AVERT 机翼抖振流动的前四阶 DMD 模态（彩图请扫封底二维码）

3.3　基于 ARX 模型的不稳定流动建模

3.3.1　ARX 模型及建模过程

ARX 辨识模型是基于离散差分方程构建的，对于一般的多输入多输出系统，其方程描述如下：

$$y(k) = \sum_{i=1}^{na} A_i y(k-i) + \sum_{i=1}^{nb-1} B_i u(k-i) + e(k) \qquad (3-14)$$

式中，$u(k)$ 为系统第 k 次激励；$y(k)$ 为系统第 k 次激励下的输出量；$u(k-1)$ 为系统第 $k-1$ 次激励；$y(k-1)$ 为系统第 $k-1$ 次激励下的输出量，以此类推；$e(k)$ 为均值为零的随机噪声，A_i 和 B_i 为待辨识的系数矩阵；na 和 nb 分别为输入和输出量的延迟阶数，其表征了对于构建第 k 次输出量，需要考虑的前 na 阶输出量和 $nb-1$ 阶激励，该参数一般根据经验由实际非定常气动系统的特性决定，对于非定常效应较弱的问题，如低减缩频率或超声速流动等，一般二阶已经足够，非定常效应越强，需要的延迟阶数越大。

ARX 建模的重点就是确定辨识系数 A_i 和 B_i，由于输入输出的采样数据大于延迟阶数，所以一般采用最小二乘估计方法，使模型的输出尽可能地接近真实系统的输出，该过程称为辨识，具体过程见文献[150]。在辨识过程中，通过对输出参数进行稳态清零，可以使系统满足零输入-零输出特性，有效去除漂移模态。

对于非定常气动力模型的建立，输入为结构模态位移，输出为模态气动力系数 $f_a = y$。为了便于进行系统的耦合及稳定性分析，一般采用状态方程的形式表达，则式（3-14）的差分方程模型转化为状态空间模型。定义状态向量 $x_a(k)$：

$$x_a(k) = [f_a(k-1), \cdots, f_a(k-na), u(k-1), \cdots, u(k-nb+1)]^{\mathrm{T}} \qquad (3\text{-}15)$$

则去除定常气动力影响的状态方程和输出方程可以写为离散空间的形式：

$$\left.\begin{array}{l} x_a(k+1) = \tilde{A}_a x_a(k) + \tilde{B}_a u(k) \\ f_a(k) = \tilde{C}_a x_a(k) + \tilde{D}_a u(k) \end{array}\right\} \qquad (3\text{-}16)$$

其中，

$$\tilde{A}_a = \begin{bmatrix} A_1 & A_2 & \cdots & A_{na-1} & A_{na} & B_1 & B_2 & \cdots & B_{nb-2} & B_{nb-1} \\ I & 0 & \cdots & 0 & 0 & 0 & 0 & \cdots & 0 & 0 \\ \vdots & I & \cdots & 0 & 0 & 0 & 0 & \cdots & 0 & 0 \\ \vdots & \vdots & & \vdots & \vdots & \vdots & \vdots & & \vdots & \vdots \\ 0 & 0 & \cdots & I & 0 & 0 & 0 & \cdots & 0 & 0 \\ 0 & 0 & \cdots & 0 & 0 & 0 & 0 & \cdots & 0 & 0 \\ 0 & 0 & \cdots & 0 & 0 & I & 0 & \cdots & 0 & 0 \\ 0 & 0 & \cdots & 0 & 0 & I & 0 & \cdots & 0 & 0 \\ \vdots & \vdots & & \vdots & \vdots & \vdots & \vdots & & \vdots & \vdots \\ 0 & 0 & \cdots & 0 & 0 & 0 & 0 & \cdots & I & 0 \end{bmatrix}$$

$$\tilde{B}_a = \begin{bmatrix} \tilde{B}_0 & 0 & \cdots & 0 & I & 0 & 0 & \cdots & 0 \end{bmatrix}^{\mathrm{T}}$$

$$\tilde{C}_a = \begin{bmatrix} A_1 & A_2 & \cdots & A_{na-1} & A_{na} & B_1 & B_2 & \cdots & B_{nb-2} & B_{nb-1} \end{bmatrix}$$

$$\tilde{D}_a = \begin{bmatrix} B_0 \end{bmatrix}$$

为了便于和其他系统的状态方程在连续空间内耦合，式（3-16）离散空间的气动力状态方程还需通过双线性变换转化为连续的状态空间形式：

$$\left.\begin{array}{l} \dot{x}_a(t) = A_a x_a(t) + B_a u(t) \\ y(t) = C_a x_a(t) + D_a u(t) \end{array}\right\} \qquad (3\text{-}17)$$

则流动的稳定性即可通过矩阵 A_a 的特征值来表示。

上述 ARX 辨识方法已经广泛应用于气动弹性分析中的非定常气动力建模，其过程概括起来包含两个步骤：信号训练和参数辨识。然而大部分气动弹性研究都是关注稳定流动在微幅线性扰动下的气动力建模，因此，经典的辨识过程并不直接适合本研究所关注的跨声速抖振流动的建模。

由于完全发展的跨声速抖振流动是不稳定且非线性的，在此基础上施加扰动信号激励将进一步加剧系统的不稳定性和非线性。虽然可以通过非线性建模方法复现其抖振响应，但是，本书依然希望构建线性模型，并进而开展耦合系统的稳定性分析，揭示其本质机理。研究表明，ARX 方法仍然可以用于不稳定流动的气动力模型的构建，但是需要信号训练以满足线性条件，即满足以下两点。

（1）信号的训练必须基于不稳定定常解。因此，需要事先获取跨声速抖振流动的不稳定定常解。

（2）训练过程中存在流动不稳定模态和结构强迫扰动的竞争。需要设计合适的训练信号，使系统还没进入非线性即完成训练过程。

因此，基于 ARX 方法的跨声速抖振流动建模包含三个过程，如图 3-13 所示。第一步是信号训练，即不稳定定常流场在严格设计信号下进行强迫激励，并记录系统的输出，这是建模能够成功的关键。第二步是基于 ARX 技术的系统参数辨识，得到的模型称为 ROM-ARX，该过程与稳定流动系统的辨识没有本质区别。第三步是通过平衡截断方法对 ROM-ARX 模型进一步降维，得到的模型我们称为 BROM（balanced ROM）。该过程是经典稳定流动建模所没有的，这是因为，为了获得较高的辨识精度，不稳定流动模型需要较高的延迟阶数（100 阶左右），而这不便于开展多系统的耦合分析，尤其是闭环控制律设计，因此平衡截断可以进一步缩减模型的维度。以上建模过程将在下文中具体讨论。

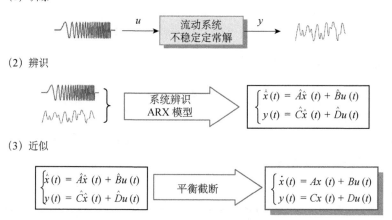

图 3-13　跨声速抖振流动的建模过程

3.3.2　不稳定定常解

构建不稳定跨声速抖振流动降阶模型的难点主要体现在两个方面。一是完全发展的抖振流动本质上是动态非线性的，振荡的激波运动将很快进入非线性的极限环状态。二是极限环状态下的强迫激励是不受控的，经典的线性辨识方法不再适用。因此，信号训练过程必须在线性可控状态下进行，目前通常的措施是采用基于不稳定定常解的合适的小扰动信号激励。因此，这类不稳定流动建模的出发点是其不稳定定常流动的获取。

与时均流动不同，不稳定定常流动在数学上严格满足流动控制方程和边界条件，它在流动稳定性分析和建模中扮演了重要的角色。研究者已经提出了多种获得不稳定定常解的方法，如 Newton-Raphson 迭代法[188]、频率阻尼选择法[189, 190]和流动控制法[191]。在本书的研究中，通过反馈控制方法获得了跨声速抖振流动的不稳定定常解。在预设的闭环控制律下，抖振的非定常流动被完全抑制，并且没有引起流动状态（如迎角、翼型形状等）的改变，控制后的流动就是给定抖振状态下的不稳定定常流动，我们将其作为训练过程的初始流场。

图 3-14 给出了 $Ma=0.70$，$\alpha=5.5°$，$Re=3 \times 10^6$ 抖振状态下不稳定定常流场的压力云图和流线，可以看出，激波位于 0.2 倍弦长处，并诱导出翼型上表面的分离，分离点距前缘 0.22 倍弦长处。图 3-15 给出了时均流场和不稳定定常流场的压力系数的比较，可以看出两者存在明显的区别，时均流场并没有明显的激波。图 3-16 给出了该状态下气动力系数在不稳定定常流场基础上的发展历程。当无量纲时间 $t < 400$ 时，气动力幅值小于 0.015，气动力的发展呈近似线性规律，我们定义为线性段；当 $t > 400$ 时，系统迅速进入非线性极限环状态。因此，设计的激励信号必须使得训练过程在如图 3-16 所示的线性段内完成。

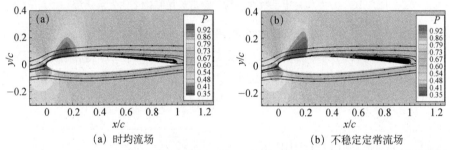

（a）时均流场　　　　　　　　　　　　　　（b）不稳定定常流场

图 3-14　$Ma=0.70$，$\alpha=5.5°$状态下不稳定定常流场和时均流场的压力云图（彩图请扫封底二维码）

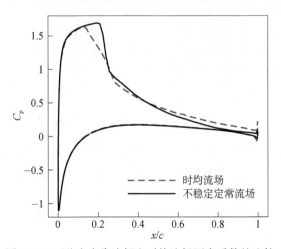

图 3-15　不稳定定常流场和时均流场压力系数的比较

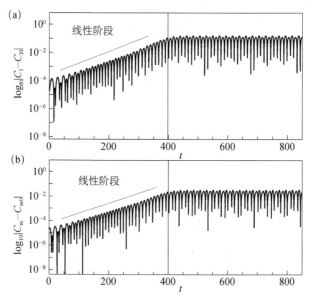

图 3-16　升力和力矩系数在不稳定定常流场基础上的发展历程

这里设计了一个频率逐渐增加的扫频信号，如图 3-17（a）所示。图 3-17（b）中给出了该信号的功率谱分析，其无量纲主频在 0.1～0.5 范围内。接下来在 Ma=0.70，α=5.5°状态下，基于不稳定定常流动开展信号训练仿真，舵面的振荡由图 3-17（a）中的信号决定，并记录气动力输出，CFD 仿真的无量纲时间为 0.1。

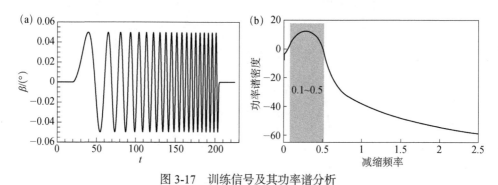

图 3-17　训练信号及其功率谱分析

在训练过程中，本书还记录了流场响应快照，并开展了 DMD 分析。图 3-18 给出了前四阶主模态的压力云图，表 3-3 给出了相关模态的增长率和减缩频率。与完全发展的抖振气动模态类似，强迫激励流动的第一阶模态也是静模态，并且该模态云图与不稳定定常解非常接近。这是由于，强迫训练的本质就是不稳定定常解基础上的小扰动激励。从表 3-3 中可以看出，第三阶模态对应的减缩频率为零，增长率大于零，这表明该模态是一个转换（发散）模态，表示激波运动的范围在训练过程中变大。第二阶和第四阶模态云图具有类似的流场结构和减缩频率，并且与抖振频率很接近，其增长率大于零，这与训练过程中流场以发散响应为主相一致。本书进一步研究了第二阶模态和第四阶模态的守恒量云图，并与文献[38]中的主导全局模态云图比较，其本征结构基本一致。然而，由于抖振流动状态和翼型形状不同，具体的细节，如激波位置和强度，存在一定差距。

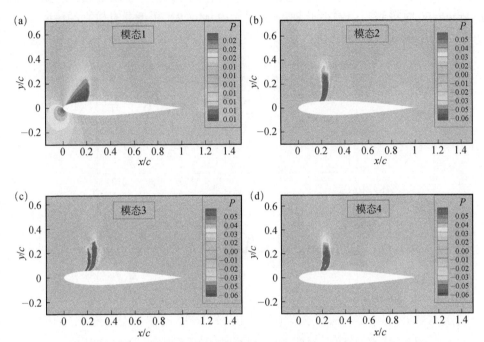

图 3-18　DMD 分析得到的强迫激励流场的前四阶全局模态云图（彩图请扫封底二维码）

表 3-3　主导模态对应的增长率和减缩频率

模态	增长率	减缩频率
1	0	0
2	1.22×10^{-2}	0.193
3	2.95×10^{-2}	0
4	1.68×10^{-2}	0.212

3.3.3　模型辨识

接下来在上述抖振状态下开展模型辨识。验证算例为单输入两输出系统，即系统的输出为升力系数 C_l 和力矩系数 C_m，输入为翼型的俯仰振荡。图 3-19 给出了不同延迟阶数下模型辨识结果和 CFD 仿真结果的比较，辨识误差在表 3-4 中给出。辨识误差定义如下：

$$e = \frac{\sum_{i=1}^{L} |\boldsymbol{y}(i) - \boldsymbol{y}_{\mathrm{iden}}(i)|}{\sum_{i=1}^{L} |\boldsymbol{y}(i)|} \qquad (3\text{-}18)$$

其中，$\boldsymbol{y}_{\mathrm{iden}}$ 代表辨识的气动力向量；L 是训练信号的长度。可以发现，最优的辨识在 $na=nb=60$ 时得到，误差小于 8%，此时，ROM-ARX 模型具有较高的精度。

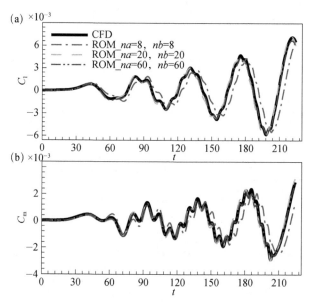

图 3-19　辨识气动力与 CFD 计算结果的比较（彩图请扫封底二维码）

表 3-4　不同延迟阶数下的辨识误差

延迟阶数		C_l 的误差	C_m 的误差
$na=8$	$nb=8$	55.10%	58.20%
$na=60$	$nb=8$	20.90%	21.40%
$na=70$	$nb=70$	15.70%	16.60%
$na=8$	$nb=60$	9.20%	11.20%
$na=20$	$nb=60$	9.90%	11.70%
$na=60$	$nb=60$	7.80%	7.90%

　　一旦建立降阶的气动力模型，流动的稳定性问题即转化为矩阵 $\hat{A}$ 的特征值问题——最不稳定的全局特征模态及其对应的特征值就表示跨声速抖振流动的稳定性特征，特征值的实部表征模态的阻尼特性，正的实部意味着流动是不稳定的；特征值的虚部表征模态的特征频率。图 3-20 给出了不同延迟阶数下 ROM-ARX 模型的特征值分布，可以发现大部分特征值位于左半平面，但是有一对共轭特征值位于右半平面，并且随着辨识精度的变化是基本收敛的，如图 3-20（c）所示。此外，本

书发现特征值的虚部为 0.2，与 CFD 计算的该状态下的抖振减缩频率一致。因此，这对特征值就对应该状态下抖振流动的全局不稳定主模态。抖振流动的动力学特性就由这对特征值主导。

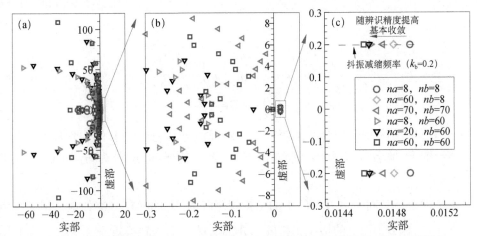

图 3-20　不同延迟阶数下 ROM-ARX 模型的特征值分布（彩图请扫封底二维码）

对于其他输入输出系统，如气动弹性分析时关注的俯仰-力矩系统，辨识过程与之类似，仅需要在训练过程中重新定义系统的输入输出属性。本书研究发现，俯仰-力矩系统的最优辨识阶数也在 $na=nb=60$ 附近得到。

3.3.4　不稳定系统的截断

与全阶的 CFD 模型相比，3.3.3 节得到的 ROM-ARX 模型维度已经缩减了很多，但是对于不稳定流动系统，其维度仍然在 $O\sim(10^2)$ 量级。因此，我们还可以进一步建立一个更低维的近似模型来代替当前的 ROM-ARX 模型。平衡截断就是常用的方法。该方法由 Moore[192] 在 1981 年提出并用于稳定系统的降维，其基本思想是忽略（截断）对系统特性影响较小的系统维度。通过恰当的变换，原系统的可观和可控格拉姆矩阵可以转换为等价的对角矩阵，即广义 Hankel 奇异值化。通过截断小奇异值的状态量即得到平衡 ROM。

Zhou 等[193] 和 Rowley 等[143] 将标准的平衡截断方法推广到不稳定系统。首先求解系统的格拉姆矩阵。对于不稳定连续系统，其格拉姆矩阵在频域下可以表示为

$$\begin{cases} M_{\mathrm{c}} = \dfrac{1}{2\pi} \displaystyle\int_{-\infty}^{\infty} (\mathrm{i}\omega I - \hat{A})^{-1} \hat{B}\hat{B}^{\mathrm{T}} (-\mathrm{i}\omega I - \hat{A}^{\mathrm{T}})^{-1} \mathrm{d}\omega \\[3mm] M_{\mathrm{o}} = \dfrac{1}{2\pi} \displaystyle\int_{-\infty}^{\infty} (\mathrm{i}\omega I - \hat{A}^{\mathrm{T}})^{-1} \hat{C}\hat{C}^{\mathrm{T}} (-\mathrm{i}\omega I - \hat{A})^{-1} \mathrm{d}\omega \end{cases} \tag{3-19}$$

只要矩阵 $\hat{A}$ 没有位于虚轴的特征值，公式（3-19）中的格拉姆矩阵就是有界的[194, 195]。进而该动力学系统可以进一步分解为两个子空间系统，一个表征系统的不稳定特性（不稳定全局模型），另一个代表系统的稳定特性，并且这两个子系统是解耦的。因此，它们可以分别建模，则公式（3-17）表征的系统可以进一步转换为

$$
\begin{cases}
\dot{x} = \dfrac{\mathrm{d}}{\mathrm{d}t}\begin{pmatrix}\hat{x}_{\mathrm{u}}\\ \hat{x}_{\mathrm{s}}\end{pmatrix} = \begin{pmatrix}\hat{A}_{\mathrm{u}} & 0\\ 0 & \hat{A}_{\mathrm{s}}\end{pmatrix}\hat{x} + \begin{pmatrix}\hat{B}_{\mathrm{u}}\\ \hat{B}_{\mathrm{s}}\end{pmatrix}u \\[4mm]
y = \begin{pmatrix}\hat{C}_{\mathrm{u}} & \hat{C}_{\mathrm{s}}\end{pmatrix}\hat{x} + \hat{D}u
\end{cases}
\tag{3-20}
$$

其中，$\hat{A}_{\mathrm{u}}$ 和 $\hat{A}_{\mathrm{s}}$ 表示非耦合状态矩阵，其特征值分别完全位于右半平面和左半平面；$\hat{x}_{\mathrm{u}}$ 和 $\hat{x}_{\mathrm{s}}$ 是各子系统空间的状态向量，其维度分别为 n_{u} 和 n_{s}，定义 $n^* = n_{\mathrm{u}} + n_{\mathrm{s}}$。

定义稳定子空间（$\hat{A}_{\mathrm{s}}, \hat{B}_{\mathrm{s}}, \hat{C}_{\mathrm{s}}$）的格拉姆矩阵为 $M_{\mathrm{c}}^{\mathrm{s}}$ 和 $M_{\mathrm{o}}^{\mathrm{s}}$。类似地，定义不稳定子空间（$\hat{A}_{\mathrm{u}}, \hat{B}_{\mathrm{u}}, \hat{C}_{\mathrm{u}}$）的格拉姆矩阵为 $M_{\mathrm{c}}^{\mathrm{u}}$ 和 $M_{\mathrm{o}}^{\mathrm{u}}$。引入转换算子 $\hat{x} = Tx$，则原始系统的格拉姆矩阵可以解耦成对应的子空间形式：

$$
\begin{cases}
M_{\mathrm{c}} = T\begin{pmatrix}M_{\mathrm{c}}^{\mathrm{u}} & 0\\ 0 & M_{\mathrm{c}}^{\mathrm{s}}\end{pmatrix}T^* \\[4mm]
M_{\mathrm{o}} = (T^{-1})^*\begin{pmatrix}M_{\mathrm{o}}^{\mathrm{u}} & 0\\ 0 & M_{\mathrm{o}}^{\mathrm{s}}\end{pmatrix}T^{-1}
\end{cases}
\tag{3-21}
$$

对于不稳定系统，我们希望建立的平衡模型具备以下特性：①能够表征原始系统的不稳定动力学特性，②能够精确预测系统的输入输出特性。第①点可以通过构建"精确的"不稳定子空间来保证，即保留所有的不稳定特征值。一般来说，流动系统的不稳定子空间不超过 10 维，因此，保留所有的不稳定特征值是切实可行的。针对第②点，将通过 Hankel 奇异值对稳定子空间进行截断（如仅前 r 阶状态量被保留），Barbagallo 等[188]已经证明该方法将导出一个对稳定子空间的精确描述。在此过程中，系统的输入输出始终保持不变。因此，n^* 维的 ROM-ARX 模型被进一步地降维至 n 维（$n = n_{\mathrm{u}} + r$ 并且 $n \ll n^*$）。我们称该平衡模型为 BROM，状态方程表达为

$$
\begin{cases}
\dot{x}_{\mathrm{ar}} = A_{\mathrm{ar}}x_{\mathrm{ar}} + B_{\mathrm{ar}}u \\
y = C_{\mathrm{ar}}x_{\mathrm{ar}} + D_{\mathrm{ar}}u
\end{cases}
\tag{3-22}
$$

我们依然以单输入两输出为例验证该方法。在本算例中，系统共有一对不稳定特征值（图 3-20），即 $n_{\mathrm{u}} = 2$。在稳定子空间，我们选取 $r = 2$。因此，我们构建了一个 4 阶的 BROM 模型，而原始 ROM 模型的阶数为 120 阶。我们进一步地通过与 CFD 时域响应的比较验证模型的精度，外部激励为两个简谐信号，幅值都为

0.03°，频率分别为 0.7 倍和 1.4 倍的抖振频率。图 3-21 给出了升力和力矩系数的时间响应历程的比较，在初始阶段，模型预测的结果（ROM-ARX 和 BROM）与 CFD 结果吻合较好，但是在长时间响应历程上，系统的非线性占据主导作用，本书的线性降阶模型预测精度变差。图 3-22 给出了几种模型的开环伯德图比较，BROM 和 ROM-ARX 模型在关注的频率段内幅频特性吻合较好，进一步说明 BROM 模型较高的预测精度。跨声速抖振流动的始发特性是由稳定性特征主导的，本书发展建立的 ROM-ARX 模型和 BROM 模型都能较精确地捕捉这一稳定特征，可以满足后续研究的需要。

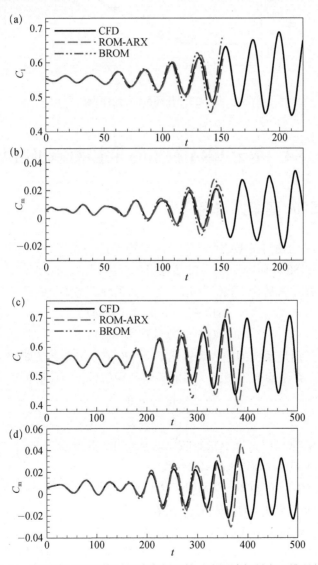

图 3-21　简谐激励下系统时间响应的比较（彩图请扫封底二维码）

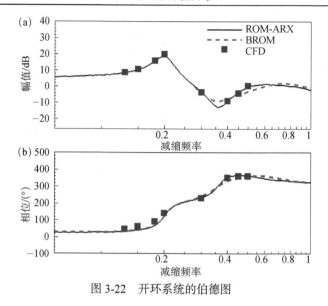

图 3-22　开环系统的伯德图

3.4　基于 ERA 技术的非定常流动建模

3.4.1　ERA 建模方法简介

本节主要讨论通过 ERA 辨识技术构建跨声速抖振流动的降阶模型。ERA 是 Juang 等[196]在 1985 年研究航天飞机结构模态参数识别时提出的，其理论基础是控制理论中的最小实现原理。我们首先定义流动系统满足如下的离散状态方程形式：

$$\begin{cases} x(k+1) = A_a x(k) + B_a u(k) \\ y(k) = C_a x(k) + D_a u(k) \end{cases} \tag{3-23}$$

其中，u 和 y 分别是系统的输入和输出。A_a, B_a, C_a, D_a 是系统矩阵，对于时不变系统，为常矩阵。系统输入（激励）一般采用脉冲信号，单位脉冲信号为

$$u(k) = \begin{cases} 1, & k = 0 \\ 0, & k = 1, 2, \cdots, n \end{cases} \tag{3-24}$$

代入式（3-23），则可以推导系统各时刻的状态和输出响应为

$k=0$ 时，$\begin{cases} x(1) = A_a x(0) + B_a u(0) = B_a \\ y(0) = C_a x(0) + D_a u(0) = D_a \end{cases}$

$k=1$ 时，$\begin{cases} x(2) = A_a x(1) + B_a u(1) = A_a B_a \\ y(1) = C_a x(1) + D_a u(1) = C_a B_a \end{cases}$

$$k=n \text{ 时,} \begin{cases} x(n+1) = A_a x(n) + B_a u(n) = A_a{}^n B_a \\ y(n) = C_a x(n) + D_a u(n) = C_a A_a{}^{n-1} B_a \end{cases}$$

则系统在脉冲激励下的输出响应序列为 $\{y_0, y_1, \cdots, y_n\} = \{D_a, C_a B_a, C_a A_a B_a, \cdots, C_a A_a{}^{n-1} B_a\}$。

在实际建模中,假设记录快照样本的间隔为 $P \cdot \Delta t$ (Δt 为 CFD 计算时间步长),则 ERA 建模过程可以分为以下几个步骤。

(1)记录脉冲激励下系统的输出序列 $\{y_0, y_P, y_{2P}, \cdots, y_{mP}\}$ 和 $\{y_1, y_{P+1}, y_{2P+1}, \cdots, y_{mP+1}\}$。对于 p 输入 q 输出系统,y_i 是 $p \times q$ 维的矩阵。

(2)根据输出数据,建立 Hankel 矩阵 $H \in \mathbb{R}^{q(m_0+1) \times p(m_c+1)}$,其中 $m_0 + m_c < m$

$$H = \begin{bmatrix} y_0 & y_P & \cdots & y_{m_c P} \\ y_P & y_{2P} & \cdots & y_{(m_c+1)P} \\ \vdots & \vdots & & \vdots \\ y_{m_0 P} & y_{(m_0+1)P} & \cdots & y_{(m_0+m_c)P} \end{bmatrix}$$

(3)对 Hankel 矩阵 H 进行奇异值分解,$H = U\Sigma V^T = \begin{bmatrix} U_r & U_2 \end{bmatrix} \begin{bmatrix} \Sigma_r & 0 \\ 0 & \Sigma_2 \end{bmatrix} \begin{bmatrix} V_r^T \\ V_2^T \end{bmatrix}$。

(4)截断对角阵 Σ 中的小奇异值部分,即忽略 Σ_2。则截断后的 Hankel 矩阵近似表示为 $H \approx U_r \Sigma_r V_r^T$。

(5)建立降阶的系统状态方程模型,状态矩阵 (A_a, B_a, C_a, D_a) 表示为

$$\left. \begin{aligned} A_a &= \Sigma_r^{-1/2} U_r^T H' V_r \Sigma_r^{-1/2} \\ B_a &= \Sigma_r^{1/2} V_r^T E_c \\ C_a &= E_r U_r \Sigma_r^{1/2} \\ D_a &= y_0 \end{aligned} \right\} \tag{3-25}$$

其中,

$$H' = \begin{bmatrix} y_1 & y_{P+1} & \cdots & y_{m_c P+1} \\ y_{P+1} & y_{2P+1} & \cdots & y_{(m_c+1)P+1} \\ \vdots & \vdots & & \vdots \\ y_{m_0 P+1} & y_{(m_0+1)P+1} & \cdots & y_{(m_0+m_c)P+1} \end{bmatrix}, \quad E_c = \begin{bmatrix} I_q & 0 \end{bmatrix}^T, \quad E_r = \begin{bmatrix} I_p & 0 \end{bmatrix}$$

通过以上步骤则得到流动系统在离散空间下的状态矩阵,进一步地通过双线性变换,将离散空间状态方程转换到连续空间表示为

$$\begin{cases} \dot{x}_a(t) = A_a x_a(t) + B_a u(t) \\ y_a(t) = C_a x(t) + D_a u(t) \end{cases} \tag{3-26}$$

3.4.2　模型建立

同样以 Ma=0.7 和 α=5.5°状态的抖振流动为例说明 ERA 的建模过程。与 ARX 建模类似，ERA 方法也需要在不稳定定常流动的基础上开展脉冲信号的激励，激励响应如图 3-23 所示。不稳定定常流场在微幅脉冲激励的扰动下呈现出近似线性的响应，这也是线性 ERA 方法能够开展的前提。研究表明，不同的脉冲激励幅值对建模精度有一定的影响，但是只要激励后系统还存在较明显的线性响应特性，线性建模就能够顺利开展。图 3-24 给出了不同奇异值截断下 ERA 模型得到的系统特征值的分布，可以发现大部分特征值位于稳定的左半平面，但是有一对共轭特征值位于右半平面，且随着截断阶数的变化是基本收敛的，如图 3-24（b）所示。该特征值的虚部为 0.2，与 CFD 计算的该状态下抖振频率一致，并且实部与 ARX 模型预测的结果也基本一致。因此，两种建模方法都能较准确地预测抖振流动的全局不稳定主模态特性。这也进一步表明，跨声速抖振流动本质上是由稳定性特性主导的，其动力学模型的阶数仅需 10 阶以内。

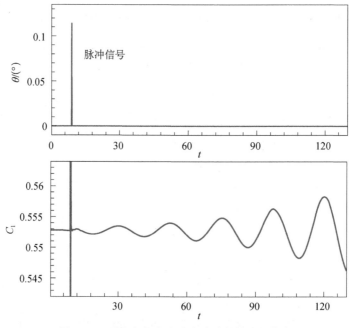

图 3-23　不稳定定常流动在脉冲激励下的响应

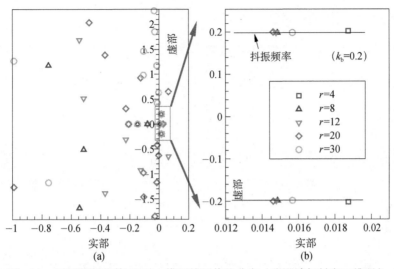

图 3-24　不同截断阶数下 ERA 模型特征值的分布（彩图请扫封底二维码）

3.5　气动模态的识别和提取

与结构动力学系统类似，流体动力学系统也存在流动（气动）模态，可以开展模态分析。所谓的气动模态（也常称为流动模态），可以理解为流动系统中的一系列固有模式，其本质和结构模态相似，表示流动演化的特有方式。流动系统非定常过程所体现出来的主要特征就是由这些气动模态叠加而成。与结构模态类似，每一个气动模态具有对应的固有频率、阻尼比和模态振型。通过求解方程（3-17）中流动状态矩阵 A_a 的特征可以获得气动模态对应的阻尼比和频率特征，特征值的实部表征模态的阻尼特性（正的实部意味着流动是不稳定的），特征值的虚部表征模态的特征频率。而气动模态对应的阵型云图则可以通过特征提取类建模方法获得。

对于低雷诺数钝体绕流或跨声速绕流，即当流动处于亚稳定或不稳定状态，通过 3.3 节和 3.4 节中介绍的建模方法可以获得清晰的气动模态特征值。气动模态的稳定性与来流参数（雷诺数、马赫数、迎角等）密切相关，通过调整这些流动参数，还可以获得主要气动模态的特征值轨迹图随关键参数的变化规律[197]。图 3-25 给出了低雷诺数圆柱绕流下分别通过 ARX 建模方法和 ERA 建模方法获得的流动主模态特征值随雷诺数的变化。可以看出随着雷诺数的增大，流动主模态特征值逐渐从稳定的左半平面进入不稳定的右半平面，临界雷诺数约为 47，与实验及数值仿真中获得的临界雷诺数基本一致。这说明了建模方法对主导气动特征模态提取的准确性。图 3-26 进一步给出了通过 DMD 方法获得的与该模态对应的模态振型，可以看出 $Re=16$ 时，几乎捕捉不到明显的涡斑。而当 $Re>18$ 之后，模态振型的涡斑比较相似。涡斑的间距与模态频率相关，这与图 3-25（b）中所示的随着雷诺数增大，模态频率增大的规律是一致的。

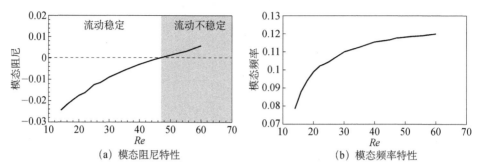

(a) 模态阻尼特性　　　　　　　　(b) 模态频率特性

图 3-25　圆柱绕流的流动主模态特征值随雷诺数的变化

（实验和数值仿真中的临界雷诺数约为 47）

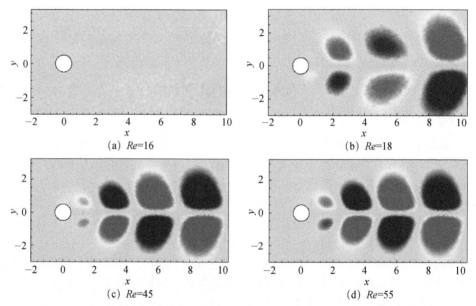

(a) *Re*=16　　　　　　　　　　(b) *Re*=18

(c) *Re*=45　　　　　　　　　　(d) *Re*=55

图 3-26　不同雷诺数下圆柱绕流的流动主模态振型云图（实验和数值仿真中的

临界雷诺数约为 47）（彩图请扫封底二维码）

本书进一步研究了跨声速抖振气动特征模态随来流参数的变化。图 3-27 给出了两种建模方法预测的 *Ma*=0.7 时不同迎角下的主模态特征值分布，可以发现两种模型预测的气动模态阻尼和频率变化规律基本一致。随着迎角的增加，主模态特征值逐渐接近虚轴，表明流动虽然还是稳定的，但其潜在的不稳定性逐渐增强（亚稳定状态）；在 4.7° 附近，特征值从左半平面进入右半平面，即模型预测的抖振始发迎角约为 4.7°，这与 CFD 仿真和风洞实验结果基本一致；随着迎角的进一步增大，特征值在 5.9° 附近时再次穿越虚轴，从右半平面进入左半平面，对应抖振的退出迎角，与 2.3.3 节中的仿真结果基本一致；之后随着迎角的进一步增加，流动的稳定性逐渐增强，模态频率增大。因此，该马赫数状态下抖振发生的迎角范围为4.7°～5.9°，并且在 5.5°迎角时特征值的实部最大，表明此时抖振载荷最大。α=4.7°时气动模态对应的模态云图如图 3-3（b）所示。

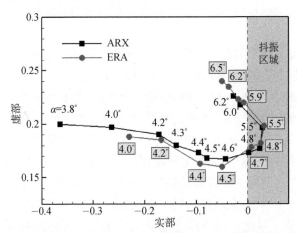

图 3-27　不同迎角下 ARX 模型和 ERA 模型预测的流动主模态特征值，Ma=0.70

　　类似地，本书研究了不同马赫数下（α=0.0°）两种模型预测的流动主模态特征值的变化规律，如图 3-28 所示。随着马赫数的增加，模态特征值也两次穿越虚轴，抖振始发边界和退出边界分别为 Ma=0.82 和 Ma=0.85，这与 CFD 仿真结果基本一致。主模态特征值随马赫数的变化是近似光滑的，这与图 3-27 中随迎角变化的规律一致，并且随着迎角或马赫数的增加，流动主模态对应的频率小幅增长。模态特征值的实部（阻尼特性）受马赫数影响较大，尤其是在抖振边界附近，而其受迎角影响相对较小。

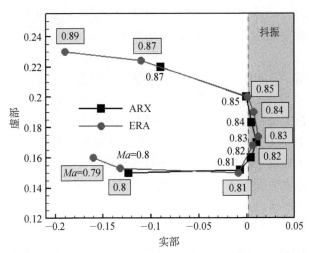

图 3-28　不同马赫数（α=0.0°）下 ARX 模型和 ERA 模型预测的气动特征模态

通过上述分析发现，降阶模型预测的流动主模态频率，与 CFD 仿真结果、实验结果基本一致。当气动模态阻尼较小或为负时（流动接近失稳或已失稳），流动的特征模态表现清晰，不同分析方法或者同一方法的不同参数计算的流动特征值一致性很强。而当流动稳定性较强时，不同参数或方法对特征值分布（主要是阻尼特性）影响较大。

流体模态不仅为揭示复杂不稳定流动的演化提供了一个很好的途径，而且为理解复杂流固耦合问题的耦合模式打开了一扇大门。Kou 等[197]从气动模态的角度研究了圆柱的涡激振动现象。众所周知，静止圆柱绕流在 $Re=47$ 时变得不稳定，并伴有周期性的涡街脱落现象。然而，当圆柱是弹性支承时，在亚临界雷诺数低至 18 时，就会发生周期性的涡脱和振动现象。Kou 等通过降阶模型提取气动特征模态发现，$Re=18$ 时出现一对明显的主导流体模态特征值，并且该特征值在 $Re=47$ 时变得不稳定。在这一区域，涡激振动现象是由这一主导流体模态和结构之间耦合触发的。当 $Re<18$ 时，无法识别提取到一个明确的气动模态，流动与弹性结构很难耦合发生涡激振动。因此，流体模态是研究复杂气动弹性问题诱发机理的一个新视角。

3.6　本章小结

本章首先综述了针对不稳定流动的稳定性分析及建模方法，即特征提取类方法和辨识类方法。特征提取类方法可以得到流动的本征模态，这对流动系统的稳定性分析和失稳机理研究有较大的优势；而辨识类方法关注系统的输入输出特性，构建系统的降阶模型时计算量较小。因此，本章采用特征提取类的 DMD 方法开展跨声速抖振流动的稳定特性分析，基于 ARX 方法和 ERA 方法开展动边界下的抖振流动的降阶及建模。

针对原始 DMD 方法在选取气动模态时易出现漏选、多选的问题，本章采用一种基于时间影响系数指标的选主模态方法。对 NACA0012 翼型抖振的特征模态分析发现，翼型抖振失稳特性主要由第二阶模态主导，并且该模态是由激波的低频弦向振荡引起的。针对 OAT15A 翼段和后掠机翼抖振流动的特征模态分析表明，机翼抖振的复杂性主要是由机翼后掠等三维效应引起，平直机翼虽然也具有展向流动特性，但是依然是弦向模态占主导。这类多失稳模式下宽频流动的降阶模型建立是未来流体力学研究的重点之一。

不稳定定常解是不稳定流动降阶及建模的基础，基于定常解的不稳定流动建模过程与稳定流动类似。ARX 方法得到的初始的降阶模型依然具有较高的维度，需要进行进一步缩减（平衡截断），截断后的 BROM 模型仍然具有较高精度，保持了原始系统的开环输入输出特性。通过构建的降阶分析模型可以获取不稳定和近失稳流动的主模态及其对应的特征值，这些气动模态对跨声速气动弹性特性有较大的影响。以上建模及气动特征模态分析为开展与跨声速抖振流动相关的复杂气动弹性的机理和控制研究奠定了很好的基础。

第4章 跨声速气动弹性分析方法及验证

4.1 引　言

跨声速气动弹性分析的重点和难点都在于跨声速非定常气动力的精确预测，而由于跨声速流动的复杂性（主要表现为激波的非线性和流动的不稳定性），适用于亚声速势流中的准定常气动弹性分析方法并不再适用于跨声速气动弹性研究。目前广泛采用的高精度跨声速气动弹性模拟方法主要有 CFD/CSD 时域仿真和基于 ROM 的气动弹性模型分析。自 Steger[67]将 CFD 方法用于跨声速气动弹性仿真以来，CFD/CSD 时域仿真已经成为除风洞实验之外最重要的研究手段。近年来，随着各类降阶技术的发展，基于 ROM 技术的气动弹性分析手段成为 CFD/CSD 时域仿真的重要补充。

两种方法的相互关系如图 4-1 所示，这两种方法的不同在于获得非定常气动载荷的途径。当通过基于 URANS 方法的 CFD 仿真获取气动力响应，进而在时域内耦合结构运动方程，即 S-F1 时，我们将建立 CFD/CSD 时域耦合分析方法。第二种气动载荷预测方法是第 3 章中构建的气动力降阶模型，该降阶模型是基于 CFD 仿真数据建立的，因此具有和 CFD 仿真相当的精度，但是效率更高。当在频域内耦合气动力模型和结构运动方程，即 S-F2 时，我们将构建基于 ROM 的气动弹性分析模型。

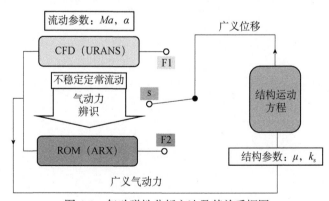

图 4-1　气动弹性分析方法及其关系框图

4.2　CFD/CSD 时域耦合求解方法

对于本书研究的气动弹性问题，虽然跨声速气动力表现为明显的非线性，但是所关心的结构运动的位移振幅却较小，结构载荷和变形近似满足线性关系。因此，时域仿真通过 CFD 方法获得非线性的非定常气动力，结构的弹性变形运动通过线性结构振动方程描述和求解。

应用拉格朗日方程，基于模态坐标表达的气动弹性运动方程的通用表达，其矩阵形式为

$$M\ddot{\xi} + G\dot{\xi} + K\xi = Q \tag{4-1}$$

其中，ξ、$\dot{\xi}$、$\ddot{\xi}$ 分别为结构运动的广义位移、广义速度和广义加速度；M 为广义质量矩阵；G 为广义阻尼矩阵（颤振分析中，一般令 $G = 0$）；K 为广义刚度矩阵；Q 为广义气动力矩阵。

结构参数矩阵由模态实验或有限元模态分析等方式确定，气动力参数由 CFD 仿真确定。在每一实时间步的分析中，流场和结构在物面处还需要通过结构振型进行数据传递，即压力分布通过振型转化为模态气动力，进而求解结构运动方程获得模态位移，模态位移通过振型再转化为物面物理位移，作为 CFD 下一时刻求解的边界条件。因此，需要将模态实验等获得的结构振型通过插值技术转换为流场物面控制点描述下的振型分布，同时还需要运动网格技术实现变形后流场网格的运动。上述过程都可以通过径向基函数（RBF）插值技术实现，具体方法及过程见文献[171]和文献[172]。

为了便于时域求解，首先引入状态变量 $x = [\xi_1\ \xi_2\ \cdots\ \xi_N\ \dot{\xi}_1\ \dot{\xi}_2\ \cdots\ \dot{\xi}_N]^T$，将方程（4-1）转换为状态空间形式：

$$\dot{x} = f(x,t) = A_s x + B_s Q(x,t) \tag{4-2}$$

其中，f 为非定常气动力；t 为时间；矩阵 A_s 和 B_s 的表达式分别为

$$A_s = \begin{bmatrix} 0 & I \\ -M^{-1}K & 0 \end{bmatrix}, \quad B_s = \begin{bmatrix} 0 \\ M^{-1} \end{bmatrix}$$

这里，0 为零方阵，I 为单位阵。

上述结构运动方程的求解采用具有四阶精度的四阶杂交的预估-校正方法[173]，校正步中的广义气动力采用外插技术之后，气动力部分将由隐式格式退化为同阶精度的显式格式，而结构部分仍然为隐式格式。该方法只需在预估步求解一次非定常流场，保证精度的同时求解效率大幅提高，并且稳定性较好。具体公式如下：

$$
\begin{cases}
\boldsymbol{Q}_n = \boldsymbol{Q}(x_n, t_n) \\
\boldsymbol{f}_n = \boldsymbol{A}_s \boldsymbol{x}_n + \boldsymbol{B}_s \boldsymbol{Q}_n \\
\tilde{\boldsymbol{x}}_{n+1} = \boldsymbol{x}_n + \dfrac{\Delta t}{24}(55\boldsymbol{f}_n - 59\boldsymbol{f}_{n-1} + 37\boldsymbol{f}_{n-2} - 9\boldsymbol{f}_{n-3}) \\
\tilde{\boldsymbol{Q}}_{n+1} = 4\boldsymbol{Q}_n - 6\boldsymbol{Q}_{n-1} + 4\boldsymbol{Q}_{n-2} - \boldsymbol{Q}_{n-3} \\
\tilde{\boldsymbol{f}}_{n+1} = \boldsymbol{A}_s \tilde{\boldsymbol{x}}_{n+1} + \boldsymbol{B}_s \tilde{\boldsymbol{Q}}_{n+1} \\
\boldsymbol{x}_{n+1} = \boldsymbol{x}_n + \dfrac{\Delta t}{24}(9\tilde{\boldsymbol{f}}_{n+1} + 19\boldsymbol{f}_n - 5\boldsymbol{f}_{n-1} + 9\boldsymbol{f}_{n-2})
\end{cases}
\tag{4-3}
$$

式中，物理符号的上标"～"表示预估值，下标 n 代表第 n 个时间迭代步；Δt 为时间步长。该格式的截断误差推导和数值验证可以参见文献[48]和文献[198]。

本书的研究对象既包括三维机翼又包括二维翼型，考虑的结构运动自由度数目也不同。针对不同的研究对象，仅需要按照上述耦合仿真框架，重新定义结构模态参数、振型和对应的模态气动力等即可。

本节仅以二维算例说明本书的耦合仿真方法，对于单自由度情形，只需要将另一自由度的刚度设置为足够大（一般为 10^7 以上）即可。图 4-2 给出了两自由度机翼的气动弹性模型，其中 α 表示来流迎角，K_h 和 K_α 分别为沉浮和扭转弹簧的刚度。

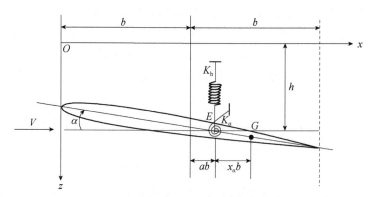

图 4-2　两自由度机翼气动弹性模型

对于两自由度情形，由拉格朗日方程得到的二元机翼的气动弹性方程式为

$$
\left.\begin{array}{l}
m\ddot{h} + S_\alpha \ddot{\alpha} + K_h h = Q_h \\
S_\alpha \ddot{h} + I_\alpha \ddot{\alpha} + K_\alpha \alpha = Q_\alpha
\end{array}\right\}
\tag{4-4}
$$

其中，Q_h、Q_α 分别代表对应于沉浮和俯仰自由度的广义气动力，即机翼振动引起的气动力 $\rho v^2 b C_1$（Q_h 和 C_1 向下为正）和气动力矩 $2\rho v^2 b^2 C_{ME}$（使机翼抬头为正）。

进一步对方程无量纲化，即对式（4-4）中上下两式分别除以 mb 和 mb^2，得

$$\left.\begin{array}{l} \dfrac{\ddot{h}}{b} + \dfrac{S_\alpha}{mb}\ddot{\alpha} + \dfrac{K_h}{m}\dfrac{h}{b} = \dfrac{Q_h}{mb} \\[3mm] \dfrac{S_\alpha b}{mb^2}\dfrac{\ddot{h}}{b} + r_\alpha^2\ddot{\alpha} + \dfrac{K_\alpha}{mb^2}\alpha = \dfrac{Q_\alpha}{mb^2} \end{array}\right\} \tag{4-5}$$

其中，$\omega_h = \sqrt{\dfrac{K_h}{m}}$、$\omega_\alpha = \sqrt{\dfrac{K_\alpha}{I_\alpha}}$ 分别称为机翼沉浮和俯仰运动的非耦合固有频率，即机翼分别仅做沉浮或俯仰振动时的固有频率，则

$$\left.\begin{array}{l} \dfrac{\mathrm{d}^2}{\mathrm{d}t^2}\left(\dfrac{h}{b}\right) + x_\alpha\dfrac{\mathrm{d}^2}{\mathrm{d}t^2}\alpha + \omega_h^2\dfrac{h}{b} = \dfrac{Q_h}{mb} \\[3mm] x_\alpha\dfrac{\mathrm{d}^2}{\mathrm{d}t^2}\left(\dfrac{h}{b}\right) + r_\alpha^2\dfrac{\mathrm{d}^2}{\mathrm{d}t^2}\alpha + r_\alpha^2\omega_\alpha^2\alpha = \dfrac{Q_\alpha}{mb^2} \end{array}\right\} \tag{4-6}$$

引入无量纲时间 $\mathrm{d}t = \mathrm{d}\tau \cdot c/U_\infty$，则结构运动方程表示为

$$\left.\begin{array}{l} \dfrac{\mathrm{d}^2}{\mathrm{d}\tau^2}\left(\dfrac{h}{b}\right) + x_\alpha\dfrac{\mathrm{d}^2}{\mathrm{d}\tau^2}\alpha + \left(\dfrac{\omega_h c}{U_\infty}\right)^2\dfrac{h}{b} = \dfrac{1}{\pi\mu}C_l \\[3mm] x_\alpha\dfrac{\mathrm{d}^2}{\mathrm{d}\tau^2}\left(\dfrac{h}{b}\right) + r_\alpha^2\dfrac{\mathrm{d}^2}{\mathrm{d}\tau^2}\alpha + r_\alpha^2\left(\dfrac{\omega_\alpha c}{U_\infty}\right)^2\alpha = \dfrac{1}{\pi\mu}2C_m \end{array}\right\} \tag{4-7}$$

进一步将结构运动方程（4-7）写为方程（4-1）所示矩阵形式，则可得各矩阵的具体表达形式：

$$\boldsymbol{M} = \begin{bmatrix} 1 & x_\alpha \\ x_\alpha & r_\alpha^2 \end{bmatrix}, \quad \boldsymbol{K} = \begin{bmatrix} \left(\dfrac{\omega_h c}{U_\infty}\right)^2 & 0 \\ 0 & r_\alpha^2\left(\dfrac{\omega_\alpha c}{U_\infty}\right)^2 \end{bmatrix}$$

$$\boldsymbol{Q} = \dfrac{1}{\pi\mu}\begin{bmatrix} C_l \\ 2C_m \end{bmatrix}$$

其中，x_α 为重心在刚心之后的无量纲距离；r_α 为机翼对刚心的无量纲回转半径；h, α 分别为机翼沉浮和俯仰位移；ω_h, ω_α 分别为弯曲和扭转模态的固有频率，对应的无量纲减缩频率分别表示为 k_h 和 k_α；C_l 和 C_m 分别为升力系数和力矩系数；$\mu = \dfrac{m}{\pi\rho b^2}$ 为质量比。

同样地，对于单自由度沉浮或俯仰运动情形，结构运动方程可以分别表示为

$$\dfrac{\mathrm{d}^2}{\mathrm{d}\tau^2}\left(\dfrac{h}{b}\right) + \left(\dfrac{\omega_h c}{U_\infty}\right)^2\dfrac{h}{b} = -\dfrac{4}{\pi\mu}C_l \tag{4-8}$$

$$\frac{\mathrm{d}^2}{\mathrm{d}\tau^2}\alpha + \left(\frac{\omega_\alpha c}{U_\infty}\right)^2 \alpha = \frac{4}{\pi\mu r_\alpha^2}2C_\mathrm{m} \tag{4-9}$$

结构固有减缩频率表示为 $\omega_\alpha b = k_\alpha U_\infty$，并且根据无量纲速度的定义 $v^* = 1/(k\sqrt{\mu})$，则得到 $k = 1/(v^*\sqrt{\mu})$，即结构的固有减缩频率由质量比和无量纲速度共同决定，所以本书中研究结构频率的影响时需要 μ 和 v^* 的匹配（一般固定 μ，变化 v^*），或者在给定的减缩频率 k 下研究质量比 μ 的影响。

4.3　基于 ROM 的颤/抖振统一分析模型

接下来构建基于 ROM 的气动弹性分析模型。通过第 3 章中的辨识建模方法已经得到了包括跨声速抖振流动在内的气动力降阶模型，其连续空间下的状态方程表示为

$$\begin{cases}\dot{\boldsymbol{x}}_\mathrm{a}(t) = \boldsymbol{A}_\mathrm{a}\boldsymbol{x}_\mathrm{a}(t) + \boldsymbol{B}_\mathrm{a}\boldsymbol{\xi}(t) \\ \boldsymbol{f}(t) = \boldsymbol{C}_\mathrm{a}\boldsymbol{x}_\mathrm{a}(t) + \boldsymbol{D}_\mathrm{a}\boldsymbol{\xi}(t)\end{cases} \tag{4-10}$$

其中，$\boldsymbol{\xi}$ 和 $\boldsymbol{f}$ 分别表示模态位移和模态气动力。通过该模型则可取代 CFD 仿真获得非定常气动力，这将极大地节约计算资源。

式（4-1）中的结构运动方程，转化成状态空间形式为

$$\begin{cases}\dot{\boldsymbol{x}}_\mathrm{s}(t) = \boldsymbol{A}_\mathrm{s}\boldsymbol{x}_\mathrm{s}(t) + q \cdot \boldsymbol{B}_\mathrm{s}\boldsymbol{f}(t) \\ \boldsymbol{\xi}(t) = \boldsymbol{C}_\mathrm{s}\boldsymbol{x}_\mathrm{s}(t) + q \cdot \boldsymbol{D}_\mathrm{s}\boldsymbol{f}(t)\end{cases} \tag{4-11}$$

考虑到气动弹性过程是气动/结构耦合的一个不断反馈的过程，将两个子系统（4-10）和（4-11）进行反馈的连接，得到如下的气动弹性分析模型

$$\begin{Bmatrix}\dot{\boldsymbol{x}}_\mathrm{s}(t) \\ \dot{\boldsymbol{x}}_\mathrm{a}(t)\end{Bmatrix} = \begin{bmatrix}\boldsymbol{A}_\mathrm{s} + q \cdot \boldsymbol{B}_\mathrm{s}\boldsymbol{D}_\mathrm{a} & q \cdot \boldsymbol{B}_\mathrm{s}\boldsymbol{C}_\mathrm{a} \\ \boldsymbol{B}_\mathrm{a}\boldsymbol{C}_\mathrm{a} & \boldsymbol{A}_\mathrm{a}\end{bmatrix}\begin{Bmatrix}\boldsymbol{x}_\mathrm{s}(t) \\ \boldsymbol{x}_\mathrm{a}(t)\end{Bmatrix} \tag{4-12}$$

其中，下标 a 表示气动力，下标 s 表示结构。针对不同的结构模型，仅需重新定义相应的 $\boldsymbol{A}_\mathrm{s}$ 和 $\boldsymbol{B}_\mathrm{s}$ 矩阵。

这样就建立了基于 ROM 技术的气动弹性统一分析模型。通过对气动弹性矩阵特征值的求解即可得到该气弹系统的稳定性特征，矩阵特征值的实部为耦合系统的阻尼系数，虚部为耦合振动频率。当阻尼系数大于零时，系统稳定；反之，系统发散。同样，还可以给定初始条件以获得系统的响应特性。在构建了给定来流马赫数和迎角下的气动弹性分析模型之后，通过不同来流动压或结构参数下状态矩阵的特征值绘制根轨迹，进而可以分析系统的稳定性随相关参数的变化关系。

因此，基于 ROM 技术的气动弹性颤/抖振统一分析流程如图 4-3 所示，具体如下。

（1）根据来流状态初步判断静止模型下扰流的稳定性。如果是稳定流动，则直接进行信号训练；如果是不稳定流动，需获得该状态下的不稳定定常解。

（2）设计训练信号，在稳定流动或不稳定定常流动基础上，运用 CFD 程序求解特定输入信号下的广义气动力系数。

（3）运用系统辨识技术建立离散空间内的输入输出差分方程，并转化到连续空间，构建气动力降阶模型。

（4）通过降阶模型提取气动特征模态，分析流动特性。

（5）耦合结构状态方程和气动力状态方程，得到气动弹性系统的状态方程。

（6）求解不同结构参数下状态矩阵的特征值，根据根轨迹图分析单自由度弹性机翼在跨声速流动中的稳定性。

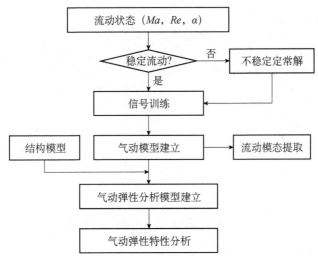

图 4-3　基于 ROM 技术的气动弹性颤/抖振统一分析流程

4.4　算　例　验　证

下面选择国内外常用的非定常和气动弹性标准算例，验证时域仿真方法和基于 ROM 的模型分析方法的正确性。

4.4.1　振荡翼型非定常气动力

采用 NACA0012 翼型简谐振荡，即 AGARD 报告中的 702-CT5 算例开展强迫运动下的非定常验证。该算例是在跨声速流动中含有激波的周期性晃动和翼型振

荡，是降阶模型训练和气动弹性仿真的基础。翼型振荡形式为

$$\alpha(t) = \alpha_0 + \alpha_m \sin(\omega t) \tag{4-13}$$

其中，α_0 为平均来流攻角；α_m 为翼型振荡幅值；ω 为角速度，可以转化为无量纲参数，即减缩频率 k_p；俯仰轴和气动力积分点都为 $0.25c$。相关的流动及结构参数为

$$\alpha_0 = 0.016°, \quad \alpha_m = 2.51°, \quad Ma = 0.755, \; Re = 5.5 \times 10^6, \; k_p = 0.0814$$

图 4-4 给出了仿真的和实验的升力系数和力矩系数随攻角的变化曲线比较，发现两结果吻合良好，表明上述数值方法对含运动边界的跨声速非定常数值仿真的准确性。

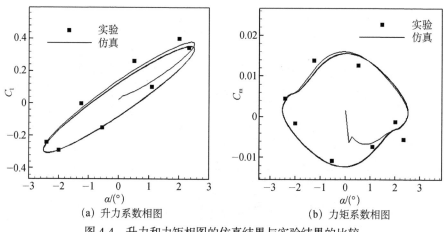

(a) 升力系数相图　　　　　　　　　(b) 力矩系数相图

图 4-4　升力和力矩相图的仿真结果与实验结果的比较

4.4.2　HIRENASD 机翼静气动弹性

HIRENASD 模型是德国亚琛工业大学设计的一类典型运输机机翼外形，在欧洲跨声速风洞（ETW）中开展了大量实验，该项目也被选为 AePW 标准数据的一部分，是国际气动弹性静力学问题（静气弹）研究方面的标模之一。图 4-5 为该模型在风洞中的安装图以及模型几何参数，其中参考面积为 0.3926m^2，参考弦长 0.3445m，半展长 1.2857m。

静气弹分析时，结构振型取 AePW 官网提供的前 10 阶模态，其中第 3 模态和第 7 模态为局部剪切模态，对静气弹的分析无影响，因此舍去此两阶模态后，以八阶模态来近似描述翼身组合体变形。八阶模态的圆频率如表 4-1 所示，图 4-6 给出了前四阶结构模态的振型云图，分别为前三阶弯曲模态和第一阶扭转模态。

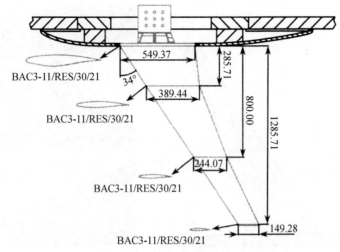

549.37

285.71

800.00

1285.71

34°

389.44

BAC3-11/RES/30/21

BAC3-11/RES/30/21

244.07

BAC3-11/RES/30/21

149.28

BAC3-11/RES/30/21

图 4-5　HIRENASD 风洞实验图以及模型数据图

表 4-1　各阶模态圆频率　　　　　　　（单位：rad/s）

ω_1	ω_2	ω_3	ω_4	ω_5	ω_6	ω_7	ω_8
166.76	540.47	1189.48	1714.44	2021.77	2830.61	3120.73	3910.70

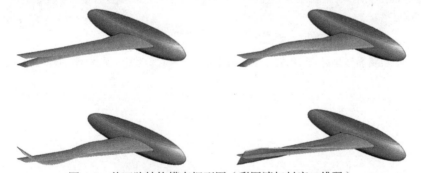

图 4-6　前四阶结构模态振型图（彩图请扫封底二维码）

　　计算的来流状态根据实验给定，来流马赫数为 0.8，模型迎角为 1.5°，基于平局气动弦长的雷诺数为 $7×10^6$，来流动压为 40055.4Pa。采用 S-A 湍流模型，AUSM 数值格式。计算网格采用结构网格，第一层附面层高为 $1.0×10^{-5}$，物面节点数为 25536，物面网格如图 4-7 所示。

　　图 4-8 给出了该状态下静气弹计算收敛平衡后的机翼位置和原始机翼位置的对比。可以发现，由于气动力的作用，机翼有一定程度的上扬变形。进一步地，图 4-9 给出了翼梢（99.9%截面）截面变形前后的定量比较，变形量约为 0.012m，且后缘变形量（0.01250m）略大于前缘（0.01179m）。风洞实验提供的后缘变形量为 0.01278m，与计算结果基本吻合。

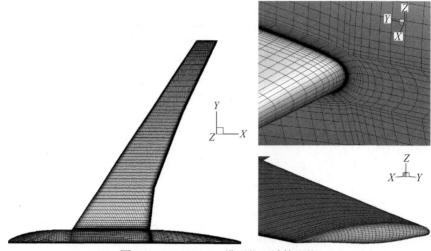

图 4-7　HIRENASD 模型物面计算网格

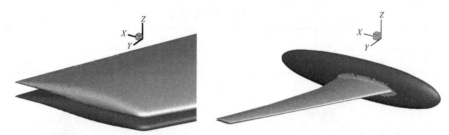

图 4-8　机翼静气弹变形后机翼（左）与静止机翼（右）对比（彩图请扫封底二维码）

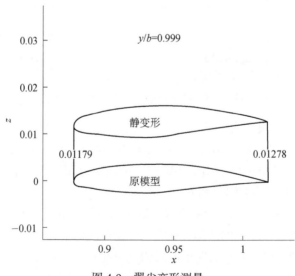

图 4-9　翼尖变形测量

从气动力来看，考虑静气动弹性变形后升力系数和阻力系数都有一定幅度的下
降，变形前升力和阻力系数分别为 0.353 和 0.02292，而变形之后的升力和阻力系
数分别是 0.343 和 0.02252。这一计算结果不仅验证了本书求解静气动弹性程序的
准确性，而且也从侧面说明了研究静气弹变形的必要性：机翼的变形会影响气动力
的分布和大小，对飞机的操纵机动性能等也会产生影响。图 4-10 给出了典型截面
处的压力系数及其与实验值的对比。可以看出，变形后的压力分布与实验结果基本
吻合。同时静气动弹性对翼根处的压力分布影响很小，而对靠近翼梢的压力分布有
一定的影响，这与静气弹变形相一致，即变形主要以一阶模态变形为主，越靠近翼
梢变形越大，所以对压力分布的影响也大。

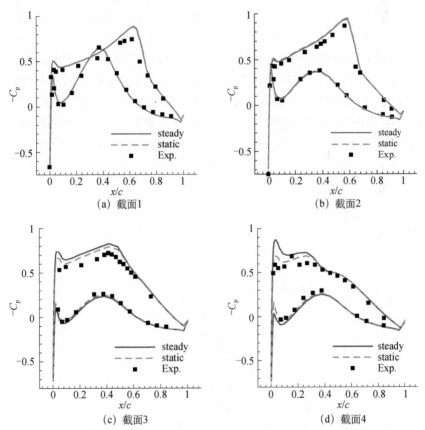

图 4-10　刚性模型（steady）和静弹性模型（static）沿展向压力系数对比图

4.4.3　BACT 模型颤振

BACT 是颤振主动抑制的标准实验模型[159]。该模型是以 NACA0012 翼型生成

的矩形机翼，其运动形式主要是沉浮模式和俯仰模式，实际上可以近似为一个经典的二元机翼的颤振问题，因此该模型也经常作为二维两自由度的颤振标准算例。相关模型结构参数为 $r_\alpha^2 = 1.036$ 和 $\omega_h / \omega_\alpha = 0.6539$，俯仰轴距翼型前缘 $0.5c$，不同来流马赫数下的无量纲质量比如表 4-2 所示。

表 4-2　不同来流马赫数下的无量纲质量比

Ma	0.39	0.45	0.51	0.61	0.67	0.71	0.77	0.80	0.82
无量纲质量比	1139	1503	1848	2536	2951	3366	3966	4284	4162

本书计算了该模型的颤振特性，并对比了实验结果、CFD/CSD 时域仿真结果和基于 ROM（ARX 和 ERA）的模型分析结果。图 4-11 给出了降阶模型方法得到的 $Ma=0.71$ 状态下的根轨迹图，响应的 $V\text{-}g$ 图和 $V\text{-}\omega$ 图在图 4-12 中给出。可以看出随着来流速度（动压）的增加，沉浮和俯仰模态发生明显的耦合，并在无量纲速度为 0.576 时，俯仰模态发生失稳，该速度即是颤振临界速度。表 4-3 给出了不同方法得到的颤振临界速度和频率的比较，CFD/CSD 时域仿真和基于 ROM 模型的分析结果吻合较好。图 4-13 给出了典型速度下的结构位移响应对比，稳定性趋势基本一致，仅 ERA 方法预测的系统响应阻尼存在一定偏差。进一步地，图 4-14 给出了不同马赫数下的颤振边界的对比。因此，不管从结构位移响应比较还是颤振边界的比较结果来看，ROM 模型分析结果与 CFD/CSD 仿真结果吻合较好，并与实验结果也基本符合，说明本书的 ROM 模型分析方法得到的结果精度较高。

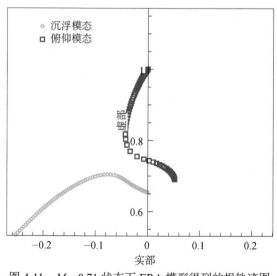

图 4-11　$Ma=0.71$ 状态下 ERA 模型得到的根轨迹图

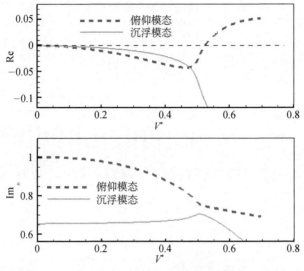

图 4-12　Ma=0.71 状态下 ERA 模型 $V\text{-}g$ 图和 $V\text{-}\omega$ 图

表 4-3　不同来流马赫数下的无量纲质量比

方法	V_{f}^{*}	$\omega_{\mathrm{f}}/\omega_{\alpha}$
实验值	0.594	0.817
CFD/CSD	0.585	0.730
ROM_ARX	0.583	0.726
ROM_ERA	0.576	0.728

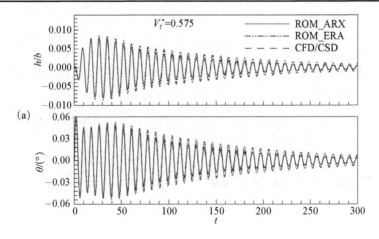

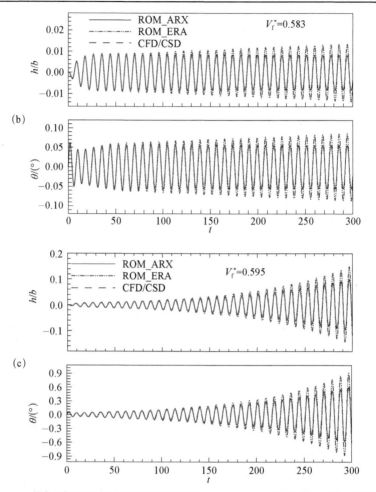

图 4-13　不同速度下系统时间响应结果比较（Ma=0.71）（彩图请扫封底二维码）

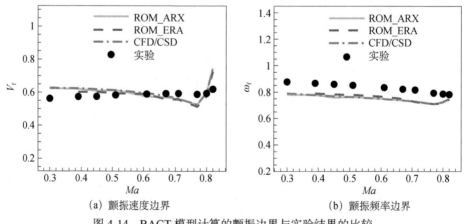

（a）颤振速度边界　　　　　　　　　　（b）颤振频率边界

图 4-14　BACT 模型计算的颤振边界与实验结果的比较

4.4.4　AGARD Wing 445.6 机翼颤振

AGARD Wing 445.6 是 NASA 兰利研究中心开展的一组跨声速气动弹性实验，其中的软模型已经成为国际上跨声速气动弹性程序考核的标准三维算例[49]。该机翼模型沿流向翼型为 NACA 65A004，展弦比为 1.644，根梢比为 1.448，四分之一弦线后掠角为 45°。机翼模型采用桃花心木制成，颤振分析主要取前四阶模态。图 4-15 给出了前四阶模态的固有频率和振型云图，前四阶模态频率分别为 f_1=9.6Hz，f_2=38.2Hz，f_3=48.3Hz 和 f_4=91.5Hz，其中颤振速度和颤振频率以第二阶频率进行无量纲化。

计算采用结构网格，按照非结构网格数据形式存储，物面节点总数为 49372，物面网格单元总数为 97746，体网格节点总数为 1632106，网格单元总数为 2272168，边界网格如图 4-16 所示。CFD 仿真采用 S-A 湍流模型，AUSM 迎风格式，根据自然振动模态参数选取时间步长为 $\Delta t = 6 \times 10^{-4}\,\mathrm{s}$。

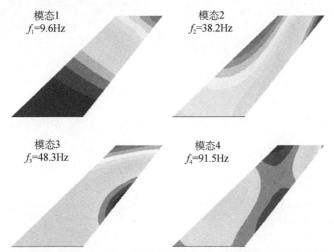

图 4-15　AGARD Wing 445.6 前四阶模态固有振型及振型（彩图请扫封底二维码）

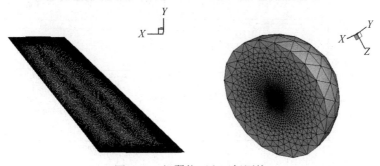

图 4-16　机翼物面和远场网格

图 4-17 给出了 Ma=0.678 和 Ma=0.96 状态下计算的机翼表面压力分布，可以看出当 Ma=0.96 时，机翼表面由于激波影响而形成的低压区，是明显的跨声速流动。图 4-18 给出了 Ma=0.901 时，基于 ARX 的降阶模型方法得到的系统 V-g 图和 V-ω 图，颤振临界速度约为 270m/s，与实验值比较接近，颤振频率与实验值相比也比较接近。颤振模式为结构第一和第二阶模态耦合，并且从 V-ω 图可以看出，两阶模态频率耦合存在明显的滞后效应，这与相关文献结果一致。图 4-19 给出了该状态时不同无因次速度下结构各阶广义位移响应，无因次速度定义为 $V_{\mathrm{f}}^* = V_{\mathrm{f}} / (b\omega_\alpha \sqrt{\mu})$，其中 ω_α 为第二阶结构模态频率。

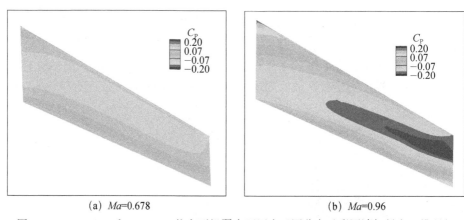

(a) Ma=0.678   (b) Ma=0.96

图 4-17　Ma=0.678 和 Ma=0.96 状态下机翼表面压力云图分布（彩图请扫封底二维码）

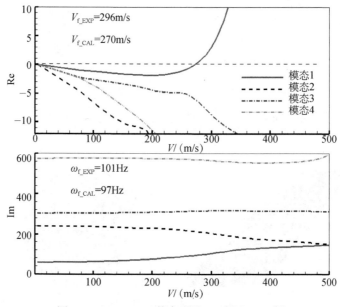

图 4-18　Ma=0.901 状态下的 V-g 图和 V-ω 图

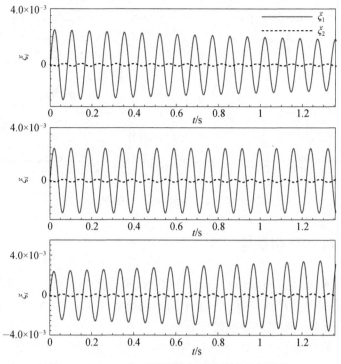

图 4-19　Ma=0.901 下不同速度的时域响应历程

进一步地计算了一系列实验马赫数下的颤振结果，实验状态及其相关参数如表 4-4 所示。图 4-20 给出了不同方法计算的颤振速度边界和频率边界随马赫数的关系，并与实验结果和文献结果比较。可以发现，计算结果在亚声速状态下（Ma=0.499、0.678、0.901）和实验结果吻合很好，而在跨声速区（Ma=0.960、1.072、1.141）误差较大，并且表现出了非常明显的分散现象。这种分散现象体现在两方面，首先，计算结果与实验结果相差很大；其次，不同数值求解方法之间的结果也差别很大，如本书结果与文献结果的对比。从图 4-20 中还可以看出，Euler 方程的求解结果误差比 N-S 方程结果误差大，Ma=1.141 状态下的误差甚至达到了 100%以上。本书的计算结果虽然与实验结果相比也存在一定的误差，但是明显优于文献的 Euler 结果，这也进一步说明了本书研究方法的合理性。

表 4-4　AGARD Wing445.6 模型实验状态及相关参数

Ma	0.499	0.678	0.901	0.960	1.072	1.141
$\rho /\left(\mathrm{kg}/\mathrm{m}^3\right)$	0.428	0.208	0.099	0.063	0.055	0.078
μ	33.46	68.75	143.92	225.82	259.59	182.74

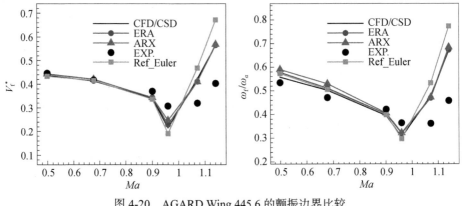

图 4-20 AGARD Wing 445.6 的颤振边界比较

4.4.5 NSAP 机翼嗡鸣

NASP（National AeroSpace Plane）系列机翼是美国 NASA 兰利研究中心开展跨声速操纵面嗡鸣研究所采用的一组不同平面形状的实验模型[199]。现在该模型已经成为跨声速操纵面嗡鸣的标准验证算例。

本书的计算模型是 NASP 系列机翼中的基本构型，平面形状如图 4-21 所示。此机翼板心是 0.129mm 厚度的铝板，剖面翼型是厚度为 3%的圆弧翼，用木板构成剖面外形。为了防止机翼发生颤振，主机翼部分的木板间固定了钢制的加强筋。此 NASP 基本型机翼的平面几何形状参数如下：机翼半展长 0.312m，展弦比 0.636，梢根比 0.29，前缘后掠角为 60°，操作面弦长 101.6mm，操纵面和主机翼缝隙宽度为 2.54mm，舵面扭转频率为 29.0Hz。

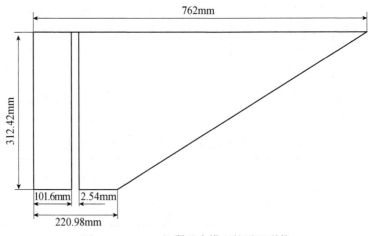

图 4-21 NASP 机翼基本模型的平面形状

　　计算采用非结构混合网格，物面节点总数为 58512，物面网格单元总数为 103265，体网格节点总数为 1722416，网格单元总数为 3026582。边界网格如图 4-22 所示，可以看出缝隙间的网格做了适当的加密。CFD 仿真采用 S-A 湍流模型，AUSM 迎风格式。

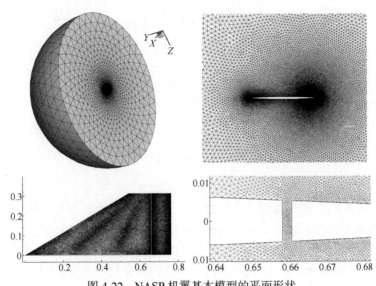

图 4-22　NASP 机翼基本模型的平面形状

　　计算状态选择马赫数 Ma=0.98，攻角 $\alpha = 0°$。图 4-23 给出了该状态下机翼物面和对称面流动马赫数云图分布，可以看出激波已经到达舵面上，但没有完全到达尾缘，按照 Tijdeman[5] 的划分属于 B 型激波形式。图 4-24 给出了来流动压 q=3500Pa 时操纵面偏转角的时间响应历程曲线。可以看出，该动压下操纵面发生单自由度的极限环振荡，振荡幅值为 4°左右，即发生跨声速 B 型嗡鸣现象。该来流动压值与风洞实验测定的能够诱发嗡鸣的来流动压范围一致，同时振动幅值水平与实验[199] 和文献计算结果[200] 也较为吻合。因此，本书方法对于嗡鸣问题也具有较好的适用性和较高的求解精度。

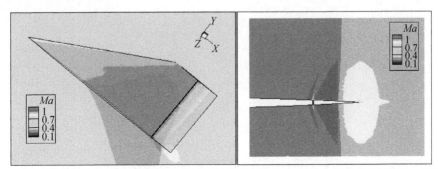

图 4-23　NASP 机翼物面和对称面流动马赫数云图分布（Ma=0.98）（彩图请扫封底二维码）

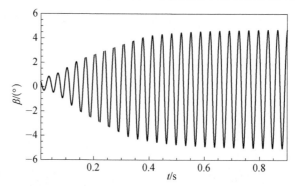

图 4-24　NASP 机翼操纵面偏转角的时间响应历程（Ma=0.98，q=3500Pa）

4.5　本章小结

　　本章介绍了跨声速气动弹性分析的两种主要数值手段，即 CFD/CSD 耦合时域模拟方法和基于 ROM 的气动弹性模型分析方法。CFD/CSD 耦合仿真中非定常气动力采用 URANS 方法获取，结构运动方程求解采用具有四阶精度的四阶杂交的预估-校正方法。基于 ROM 的模型分析方法包括 ARX 模型和 ERA 模型。通过特征值分析判定耦合系统的稳定特性，仅需要一次 CFD 训练计算就可获得任意结构参数下的稳定特性及时域响应特性。

　　通过 HIRENASD 模型、BACT 模型、AGARD Wing 445.6 以及 NSAP 机翼等跨声速颤振国际标准算例对两种方法进行验证，计算结果表明，上述方法都能准确地预测颤振失稳边界。另外，基于 ROM 的模型分析方法可以展示系统各分支的耦合特性，很方便开展复杂气动弹性问题的失稳机理研究。

第 5 章　跨声速颤振

随着现代飞行器越来越追求高速化、轻量化，跨声速气动弹性问题，尤其是跨声速颤振问题的重要性在航空航天型号设计中日益凸显。本章所讨论的跨声速颤振问题主要包括两种。第一种与势流中的"经典颤振"类似，表现为结构模态间的耦合失稳。第二种为单自由度颤振，表现为在跨声速区飞行器操纵面会发生绕其刚轴的不衰减的振荡，俗称"操纵面嗡鸣"问题。这是一种特殊颤振，在国内外很多型号设计中困扰工程师。

正如绪论中所述，虽然学术界和工业界对上述跨声速颤振问题投入了持续的关注和研究，但是相关问题依然没有得到很好的解决，很多型号在设计阶段甚至服役过程中仍然会受到相关问题的困扰。从经典颤振模式来看，跨声速状态与亚声速状态并没有本质区别，都是结构模态耦合（典型如机翼弯扭耦合），但是跨声速区的无量纲颤振速度显著降低，形成跨声速"凹坑"。这使得跨声速颤振边界常成为飞行器低空大表速的约束边界，限制了飞行器在跨声速区的性能。然而，诸多研究表明，跨声速"凹坑"附近的颤振边界具有明显的分散现象，这种分散现象主要表现在三方面：①计算结果和实验结果之间的分散性；②不同代码计算结果之间的分散性；③同一代码计算的颤振特性受数值格式、湍流模型、计算网格以及时间步长等因素的影响较大。目前学术界对这种大分散性现象的诱发根源还不明确。

针对跨声速嗡鸣问题，Tijdeman[5]根据激波在翼型表面的强度和位置将激波的运动分为 A、B 和 C 三种形式。其中 A、B 型属于跨声速流动，激波还没有到达翼型后缘，不同的是 A 型流动激波仅在主翼上运动，操纵面处于激波引起的分离区中，而 B 型流动的激波强于 A 型，已经位于操纵面上；C 型属于低超声速流动，激波更强，已经完全占据翼型表面。虽然跨声速嗡鸣已经被研究了近 70 年，但是依然没有预测嗡鸣边界的可靠方法。尽管工程上提出了若干防止嗡鸣发生的准则，比如增加操纵回路刚度、安装阻尼器，以及改变剖面厚度等，但是这些经验和准则大多用在发生故障的改型设计中，设计阶段缺乏可靠的防嗡鸣设计准则。

5.1　AGARD Wing 445.6 机翼跨声速颤振边界分散机理研究

对跨声速凹坑区附近的颤振边界预测是现代高速飞行器颤振校核的主要工作。由于跨声速状态下机翼表面出现激波，流动非线性特征明显，经典的线化理论失效。因此，20 世纪很长时间内，跨声速颤振研究主要依赖于实验手段。20 世纪末，计算机性能的提高使 CFD 技术快速发展，数值方法开始应用于跨声速飞行器的性能分析和设计，CFD/CSD 耦合方法也开始广泛应用于颤振计算。然而如上文提及的，跨声速状态下的颤振边界预测会有明显的分散现象。这种大分散现象给跨声速颤振边界的评估带来了极大的挑战，因为仅通过计算仿真很难获得可信度较高的颤振边界，而开展风洞实验交叉验证不仅成本高，其结果也很难保证准确。

5.1.1　颤振边界分散现象

AGARD 445.6 机翼的软模型是国际通用的颤振程序验证标模，其跨声速颤振边界"算不准"现象广为人知。众多学者使用不同程序计算了 AGARD 445.6 的标模，然而很多计算结果在高马赫数状态与实验结果偏差较大，例如，$Ma=0.96$ 状态大多数计算的颤振速度比实验值低，而 $Ma=1.072$ 和 $Ma=1.141$ 状态则比实验结果高出许多。特别是 $Ma=1.141$ 状态，部分颤振频率边界的计算结果的相对误差甚至超过了 70%。另一方面，该模型在高马赫数状态下不同计算结果之间的差异性也很显著，如图 5-1 所示。本书统计了公开发表的 AGARD 445.6 机翼颤振计算结果与实验结果的平均误差，以及计算结果之间的相互偏差，$Ma=1.41$ 状态的相关参数较 $Ma=0.499$、0.678 和 0.901 几个状态高一个量级以上。

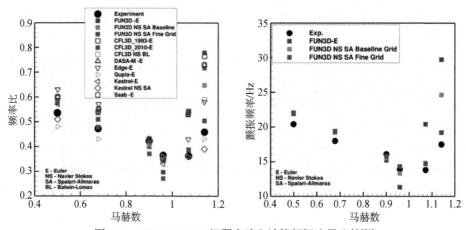

图 5-1　AGARD 445.6 机翼实验和计算颤振边界比较[51]

AGARD 445.6 机翼这一标准考核算例高马赫数的颤振特性分散性成为气动弹性力学界的"一朵疑云"。虽然这种分散现象广为人知，但是并没有很好的解决办法，甚至对其诱发机理也不清楚。部分研究者认为这是当时实验结果不准确造成的。Gordnier 和 Melville[201]认为在计算仿真中很难精确模拟当时实验中的所有参数，而 Ma=1.141 状态的边界对马赫数比较敏感，实验中对马赫数测量的微小误差都可能造成边界的分散。Liu 等[202]认为是由实验中对颤振触发的判据不充分造成的。通过 CFD/CSD 耦合计算的响应对比发现，Ma=1.141 状态在亚临界动压下初始阶段也是发散的响应，这种典型的非线性特征可能造成计算结果和实验结果的差异。以上从实验准确度方面的解释，虽然可以解释实验和计算之间的差异，但是难以解释不同计算结果的大分散现象。

部分学者认为是计算中对结构模拟的不精确造成的。Gordnier 等[201]研究了结构模态数量（四阶模态和 14 阶结构模态）的影响，Leer-ausch 等[203]研究了结构阻尼的影响。结构阻尼影响较小。虽然考虑更多的结构模态（14 阶结构模态）能稍微降低预测的颤振边界，但是与实验结果的误差依然很大。并且，既然其他状态采用四阶模态已经能获得较精确的结果，说明当前采用的四阶模态已经足够表征结构的特征。

更多的研究者将这种分散现象的诱因归结为对流动模拟的误差，并研究了黏性效应[51, 201, 203]、网格密度[204]和转捩位置[201]等参数对 Ma=1.141 状态下颤振预测精度的影响。总的来看，黏性效应起到了主导作用，例如，RANS 的计算结果总体上优于欧拉（Euler）方法的结果。在本书统计的文献结果中，RANS 方法的颤振速度平均误差为 22.2%，颤振频率平均误差为 19.1%，而欧拉方法的颤振速度平均误差为 42%，颤振频率平均误差为 37.6%，接近 RANS 方法的两倍。此外，基于高精度流场求解器的颤振分析结果误差较小。Šekutkovski 等[205]通过 RANS/LES 混合方法（IDDES）获得的颤振边界与实验结果基本一致，误差在 3%以内。但是数值离散格式、计算网格等因素对计算结果影响依然很大，有时甚至大于黏性的影响，依然造成同一程序不同计算参数下颤振边界较大的分散现象。因此，这些计算误差看上去并没有规律可循，即使对于高精度的颤振求解器，研究者的经验和运气似乎也很重要。

除了上述通过 CFD/CSD 耦合数值仿真研究之外，Silva[51]建立了气动弹性分析模型，通过特征值轨迹研究耦合模态分支的失稳情况，发现 Ma=1.141 状态在部分欧拉计算中会出现第三阶结构分支的失稳，并认为这可能是计算颤振边界误差较大的原因。Chen 等[206]建立了具有不确定性的气动力降阶模型，进而耦合结构运动方程研究气动力的不确定性对颤振边界的影响，其中气动力的不确定性是直接加在气动力训练上的小扰动。虽然该研究能够给出鲁棒的颤振边界，但是引入的不确定性并不能反映真实的何种流动参数/特征导致了颤振边界的波动。Wu 和 Livne[207]通过蒙特卡罗方法建立了考虑结构和气动不确定性的颤振可靠性预测方法，对 AGARD 445.6 算例研究后指出，气动阻尼预测的不确定性导致了颤振边界预测的不确定。但是该研究的气动力模型采用线性面元法，并且没有包含误差最大的 Ma=1.141 状态。因此，尽管相关研究提出了一些解释，但对理解颤振边界的分散现象的帮助有限，在这一问题上依然众说纷纭，机理还不清楚。

5.1.2　参数敏感性分析

对气动弹性系统而言，流动和结构参数的扰动都会造成颤振特性的变化。因此，这里通过降阶模型方法开展结构和流动参数对颤振特性的灵敏度的分析，以此来确定造成跨声速颤振特性分散性的主导因素。

首先开展结构参数的灵敏度分析。图 5-2 给出了不同马赫数状态下颤振发生时各阶结构模态参与的幅值比，由于这些状态都是一阶模态失稳（如图 4-18 中的根轨迹图所示），因此按照第一阶模态的幅值进行归一化。从图 5-2 中可以看出，在亚声速状态下二阶模态参与度很高，而三阶结构模态幅值只有二阶的 5%左右，四阶结构模态只有二阶的 2%左右，基本不参与颤振，颤振主要由第一阶弯曲模态和第一阶扭转模态耦合造成。而对于跨声速状态下，第三阶和第四阶模态的参与比较逐渐增加，尤其是在 Ma=1.141 状态下，三阶模态振幅达到了二阶模态的 25%左右，四节模态接近二阶的 7%，此时三、四阶对颤振的影响明显增加。但是总的来说，这些状态下的颤振特性依然由第一阶和第二阶模态耦合决定。这也与 Lee-ausch 和 Batina[203]的研究结论类似，他们通过改变参与颤振计算的结构模态数目发现，在 Ma=1.141 状态下，三、四阶结构模态对颤振边界有一定的影响，但是依然是由一、二阶主导。

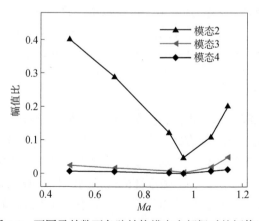

图 5-2　不同马赫数下各阶结构模态在颤振时的幅值比

　　然后本书基于流固耦合降阶模型，针对四个模态分别施加 0.03 和 0.06 的结构模态阻尼系数。第一阶模态阻尼的引入对颤振边界影响的结果如图 5-3 所示。可以看出，引入结构阻尼之后，除了 Ma=0.96 状态，颤振速度有一定提升之外，其他状态颤振特性变化较小，这是由于 Ma=0.96 状态是一种较缓和型颤振，颤振速度对结构阻尼敏感。Ma=1.141 状态，结构阻尼的引入对颤振特性影响极小。这与文献的研究结果基本一致，这说明，结构参数的不确定性并不是跨声速状态颤振特性的大分散现象的主导因素。

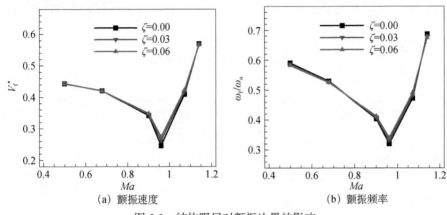

（a）颤振速度　　　　　　　　　　（b）颤振频率

图 5-3　结构阻尼对颤振边界的影响

　　本书进一步开展了流动参数的敏感性研究，流动参数考虑马赫数扰动和来流攻角的扰动。与结构参数敏感性研究不同的是，流动参数的变化需要重新进行气动力训练以构建新的非定常气动力模型及气动弹性分析模型，进而分析得到该状态下的颤振特性。当马赫数的扰动量为 0.01 时，计算得到的颤振边界变化如图 5-4 所示。当攻角的扰动量为 1° 时，计算得到的颤振边界变化如图 5-5 所示。由图中可以发现，亚声速流动状态下，颤振边界基本不受流动参数微小改变的影响，而在跨声速状态下（Ma=0.96、1.072、1.141），流动参数扰动对颤振边界的影响明显强于亚声速状态。

　　通过上述参数灵敏度分析可知，跨声速状态下的颤振边界对流动参数（马赫数和攻角）扰动更敏感，即微小的流动参数改变将对颤振边界的预测产生较大的影响，这实际上是颤振边界在跨声速状态下大分散现象的体现之一。

　　虽然上述研究表明，是流动参数的不确定性导致 AGARD 445.6 机翼在跨声速/低超声速状态下颤振边界预测误差较大，但是具体是什么流动参数/特征起到主导作用，还有待进一步确认。本书作者近期的研究表明，跨声速气动弹性的复杂性看似是由流动的非线性导致，但实际上主要源于跨声速状态下流动的稳定性降低[208, 209]。由于流动稳定性的降低，流固耦合方程中增加了一个极点，气动模态会

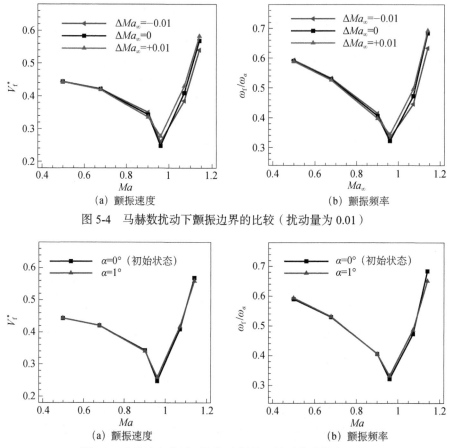

图 5-4　马赫数扰动下颤振边界的比较（扰动量为 0.01）

图 5-5　来流迎角扰动下颤振边界的比较（扰动量为 1°）

作为主角参与结构模态耦合，从而诱导出不同的失稳模式，表现为不同的气动弹性现象。因此，近失稳的气动特征模态在跨声速气动弹性中扮演了重要的角色，对气动特征模态预测的精确程度可能直接关系到跨声速颤振边界的预测精度。接下来针对分散度最大的 $Ma=1.141$ 状态，探讨气动特征模态对颤振边界的影响。

5.1.3　气动特征模态提取

采用 3.5 节中的方法可以提取表征流动稳定性和频率特性的流动主模态特征值。针对计算与实验误差最大的状态：$Ma=1.141$，通过降阶模型方法获得的流动主模态特征值分布如图 5-6 所示，其中特征值实部的阻尼特征 g 和虚部的频率特征 ω 都已经无量纲化，即实部 $g_k=gb/U$，虚部 $k=\omega b/U$，b 是模型参考长度，U 是来流速度。从图中可以看出，主要的气动模态特征值随延迟阶数是收敛的；同时，有三组特征值阻尼很小，表现为近失稳的气动特征模态。进一步地，图 5-7 给出了四阶结构模态频率与近失稳气动模态频率的关系对比，其中 SM-*i* 表示第 *i* 阶结构模态，FM-*i* 表示第 *i* 阶主导的气动模态。从图中可以发现，气动特征模态不仅阻尼很低而且频率还在结构减缩频率附近，比如，流动第一阶主导模态频率在结构一、二阶模态频率之间，流动第二阶模态频率与结构第三阶模态频率几乎一致，流动第三阶模态频率略高于结构第四阶模态频率。这进一步表明，这些近失稳的气动模态可能对 AGARD 445.6 机翼在跨声速状态下的颤振特性具有较大影响。

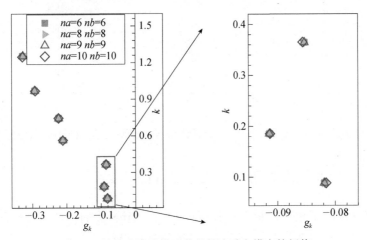

图 5-6　气动力降阶模型获得的流动主模态特征值

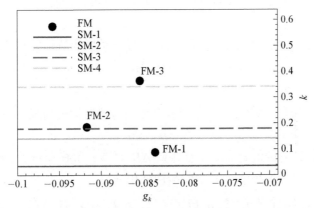

图 5-7　Ma_∞=1.141 状态下主导气动模态与结构模态的频率关系（彩图请扫封底二维码）

图 5-8 给出了 Ma=0.901 时，降阶模型获得的主导气动模态及其与结构模态的频率关系。从中可以看出，在该状态下主导气动模态的无量纲频率（约 0.5）远大于结构模态频率（尤其是第一阶和第二阶结构模态）。这与 Ma=1.141 状态下，气动模态频率与结构模态频率非常接近有显著不同。此外，Ma=0.901 时的主导气动模态阻尼（约 -0.3）也显著大于 Ma=1.141 状态（约 -0.1）。这表明 Ma=0.901 状态下的流动稳定性强于 Ma=1.141 状态。不管从气动模态的阻尼（稳定性）来看，还

是从气动模态与结构模态频率的关系来看，Ma=0.901 状态下，气动模态都更难与结构模态发生耦合，对颤振特性影响较小。

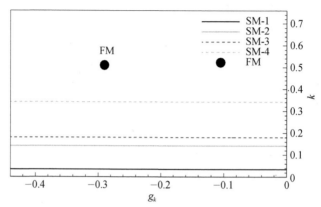

图 5-8　Ma=0.901 状态下主导气动模态与结构模态的频率关系（彩图请扫封底二维码）

5.1.4　气动模态扰动与颤振边界的关系

从上述气动特征模态的提取过程可以发现，矩阵 A_a 的特征值就表征了该状态下流动的模态特性。因此，可以通过对特征值进行摄动以实现对气动模态特征的扰动，进而重新构建气动力降阶模型和气动弹性分析模型，研究气动模态对 AGARD 445.6 机翼跨声速状态下颤振边界的影响。

对矩阵 A_a 进行特征值分解得到其包含主导气动模态特征的特征值矩阵 D：

$$A_a = V^{-1}DV \tag{5-1}$$

其中，V 是特征向量。

对特征值矩阵 D 引入适量的扰动 ΔD，则可以构建期望的流动特征值矩阵 $\hat{D}$：

$$\hat{D} = D + \Delta D \tag{5-2}$$

其中，ΔD 和 $\hat{D}$ 都是对角矩阵。扰动矩阵 ΔD 的第 i 阶扰动量为 $\Delta D_j = d_j^R + d_j^I i$，其中，$d_j^R$ 是对实部的扰动量；d_j^I 是对虚部的扰动量。

在获得扰动特征值矩阵 $\hat{D}$ 后，可以重新组装而获得气动力状态矩阵 $\hat{A}_a = V^{-1}\hat{D}V$，进而重新构建气动弹性分析模型，并开展颤振特性分析。

扰动量 d_j^R 和 d_j^I 是独立的，因此，可以针对特征值实部和虚部的扰动分别开展研究。研究结果表明，当扰动仅发生在特征值虚部 d_j^I 时，对颤振特性影响较小。这主要是因为，该机翼的颤振模式主要是第一阶和第二阶模态间的耦合，而主导气动模态频率恰好在两结构模态频率之间，微小的气动模态频率扰动并不会改变三者之间的关系，因此并不会对颤振耦合模式造成较大的影响。而对特征值实部扰动量

d_j^R 的研究结果表明，频率较高的两个流动特征值对第三阶结构模态的稳定性有一定的影响，这与部分文献计算发现的该状态下颤振特性表现为第三阶模态失稳的结果一致。

频率最低的流动主模态特征值的实部扰动对第一阶结构模态的失稳特性有影响，因此我们重点关注该气动模态实部扰动量 d_j^R 对颤振特性的影响。图 5-9 给出了 $Ma=1.141$ 状态下颤振临界速度和颤振临界频率随阻尼扰动量的变化，$P_1 \sim P_4$ 是四个典型的状态。可以发现，随着气动模态阻尼的增加（扰动量为负），气动模态稳定性提高，颤振速度和颤振频率降低。接下来通过四个典型状态详细说明其影响。

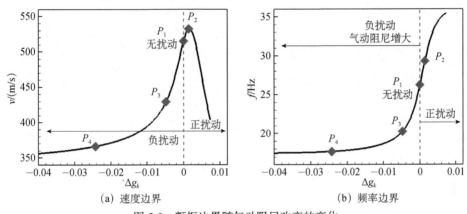

图 5-9　颤振边界随气动阻尼改变的变化

P_1 是未施加扰动时（即 $\Delta g_k = 0$）的直接计算结果，图 5-10（a）给出了降阶模型分析得到的 v-g 图和 v-ω 图，其中 g 表示阻尼特性，ω 代表耦合频率，单位为 rad/s。可以看出，随着来流速度（动压）的增加，第一阶结构模态和第二阶结构模态发生明显的频率耦合，并且第一阶结构模态在 $v=515.02\text{m/s}$ 时发生失稳，失稳频率为 $f=26.23\text{Hz}$，该状态是典型的弯扭耦合型颤振。

P_2 是对主导流动特征值实部做了 $\Delta g_k = 0.002$ 扰动后（$\Delta g_k > 0$ 表示使流动稳定性余量减少，该气动模态更不稳定）的分析结果，从图 5-9 中可以看出，该点对应颤振速度最大的状态。从图 5-10（b）中可以看出，该状态点依然是弯扭耦合型的颤振，但是失稳分支是第二阶结构模态，失稳速度为 $v=532.15\text{m/s}$。除该失稳点之外，第三阶模态分支在 $v=555.64\text{m/s}$ 时也发生失稳，但是该失稳分支是典型的小阻尼型颤振。当扰动量 $\Delta g_k > 0.002$ 时，系统都表现为第二阶结构模态分支失稳，并且随着扰动量的增加，颤振速度迅速减小，颤振频率增加。

当施加的实部扰动为负时（$\Delta g_k < 0$ 表示使流动稳定性余量增加，该气动模态更稳定），颤振速度和颤振频率都明显降低，并且随着扰动量近似收敛，颤振速度

近似收敛到 360m/s，颤振频率近似收敛到 17.5Hz（图 5-9）。P_3 是施加了 $\Delta g_k = -0.005$ 扰动后的分析结果，从图 5-10（c）中可以看出，该状态是典型的弯扭耦合型颤振，一阶模态的失稳速度 v=429.27m/s，频率 f=20.26Hz。与 P_1 状态相比，该状态的气动阻尼仅发生了 5%的变化，而颤振速度边界变化达到 16%以上。图 5-10（d）是 P_4 状态（施加 $\Delta g_k = -0.025$ 扰动）的分析结果，弯扭模态耦合依然是主导的颤振模式，一阶模态的失稳速度 v=366.25m/s，频率 f=17.67Hz。值得注意的是，该扰动水平下的颤振速度和颤振频率都与风洞实验结果（v=364.33m/s，f=17.49Hz）非常接近。研究表明，即使程序初始计算的颤振边界与实验结果存在较大偏差，但是通过对主导气动模态的阻尼摄动和修正，也可以获得高精度的颤振边界。这说明，气动模态的阻尼与跨声速颤振边界的大分散现象具有紧密联系。

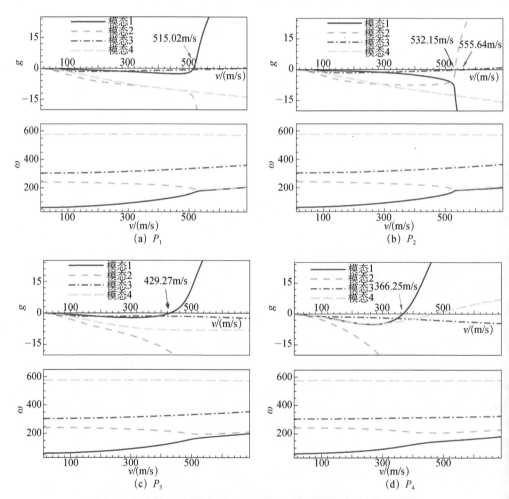

图 5-10　不同气动阻尼水平下的颤振模式（彩图请扫封底二维码）

　　进一步地，本书以无量纲颤振速度和无量纲颤振频率分别为横、纵轴，得到流动主模态特征值实部的扰动对颤振边界的影响，如图 5-11 所示，其中红色曲线即是扰动后的颤振边界预测曲线，箭头为气动模态稳定性增大的方向。与上文分析结论一致，随着扰动阻尼的增加，颤振速度和颤振频率都减小。状态点 P_2 正好在曲线的拐点上，上方为结构第二阶模态失稳，下方为结构第一阶模态失稳。作为对比，图中还给出了文献中对该机翼在 Ma=1.141 状态下的计算结果，包括实验结果，以及通过 FUN3D、CFL3D、Fluent、CFX 等软件，和通过降阶模型方法获得的颤振边界。可以发现，这些计算结果都在本书预测的曲线附近，有些甚至与曲线基本重合。Silva 等[51]在研究中指出，较精确的计算结果中第三阶结构模态不会发生失稳，而他所调研的较精确的计算结果在 P_3 附近。前文分析指出，从 P_1 到 P_3 颤振边界逐渐降低，三阶结构模态由不稳定趋于稳定，这进一步论证了上述结论。

　　文献中貌似分散的颤振速度和频率完美地落在了本书预测的曲线附近，这充分说明了跨声速气动模态阻尼是 AGARD 445.6 机翼在 Ma=1.141 状态下颤振边界分散性的根源。从 P_1 到 P_3 气动模态阻尼虽然变化很小，但颤振边界变化很大，并且大部分文献的计算结果在这段区间内。实验结果（图中蓝色实心圆圈）及部分精度较高的计算结果在状态 P_4 附近。气动模态阻尼是这些计算结果分散的主要原因，若气动模态阻尼预测准确，就能够较准确地预测颤振边界。部分研究发现，高精度的流场求解方法（比如采用较密的网格或 RANS/LES 混合类方法）有可能获得更贴近实验结果的颤振边界，这说明，这些方法预测的流动阻尼特性更接近当时实验的情形。另外，文献结果中的无黏欧拉计算的结果（空心图标）的分散度和精度都明显差于 NS 计算结果（实心图标），这也是由欧拉方法求解跨声速流动阻尼特性时误差更大造成的[210]。

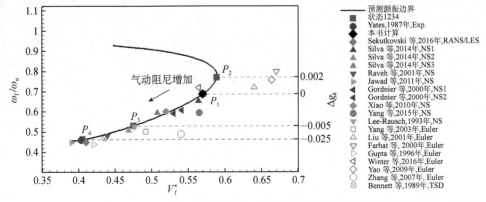

图 5-11 Ma=1.141 状态下阻尼变化预测的颤振边界与文献结果的比较（彩图请扫封底二维码）

考虑到 Ma=0.901 和 Ma=1.141 两种状态下主导气动模态的差异，两种情况下的颤振特性也不同。本书利用上述特征值摄动方法，进一步对比研究了气动模态的变化对 Ma=0.901 状态下颤振特性的影响。图 5-12 给出了 Ma=0.901 状态下颤振临界速度和颤振临界频率随阻尼扰动量的变化，其中红色实圈表示无扰动的结果。图 5-13 给出了由降阶模型方法在零扰动下获得的 v-g 图和 v-ω 图。结果表明，这是一种典型的弯扭耦合颤振，在 274 m/s 时第一阶结构模态失稳，实验颤振速度约为 296 m/s，误差仅为 7%，明显小于 Ma=1.141 状态。

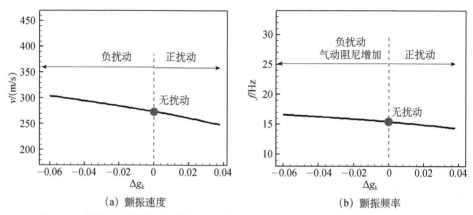

(a) 颤振速度　　　　　　　　　　　　　　　(b) 颤振频率

图 5-12　颤振边界随气动主模态阻尼扰动的变化关系（彩图请扫封底二维码）

此外，从图 5-12 可以看出，在 Ma=0.901 时，颤振速度和频率随气动模态实部扰动的增加而略有减小。扰动对颤振边界的影响非常有限，20% 的扰动只引起 8% 的颤振边界变化。图 5-14 显示了考虑阻尼变化的预测颤振边界与文献结果之间的比较，文献中的结果基本位于预测曲线附近，实验结果（蓝色实心圆）与施加扰动值为−0.04 的预测结果基本一致。与 Ma=1.141 状态相比，发现 Ma=0.901 的颤振边界更集中，阻尼扰动引起的颤振边界变化较小。这进一步证明，气动模态阻尼的敏感性是跨声速颤振边界变化的根源。主导气动模态气动阻尼（流动稳定裕度）越大，如 Ma=0.901 状态，气动阻尼的变化对颤振特性的影响越小，计算的颤振边界越精确。相反，气动阻尼较小的状态，如 Ma=1.141 状态，颤振特性受气动阻尼的影响较大。这就是 Ma=1.141 时颤振边界的分散度大于 Ma=0.901 状态的根本原因。

跨声速气动模态阻尼较低，并且难以准确预测，这是跨声速颤振边界存在大分散现象的根源。低稳定裕度的气动模态在跨声速气动弹性中起着关键作用，往往导致复杂的跨声速气动弹性现象。因此，颤振特性的预测精度在很大程度上取决于流动稳定性的模拟精度。由以上分析可知，流动稳定性可以通过气动模态的阻尼定量表征。由于跨声速流动的复杂性，高精度的流场求解器在更准确地模拟气动阻尼方面具有明显的优势。这也是学术界不断追求和发展更高精度的求解器，开展跨声速气动弹性仿真研究的最直接动力之一。

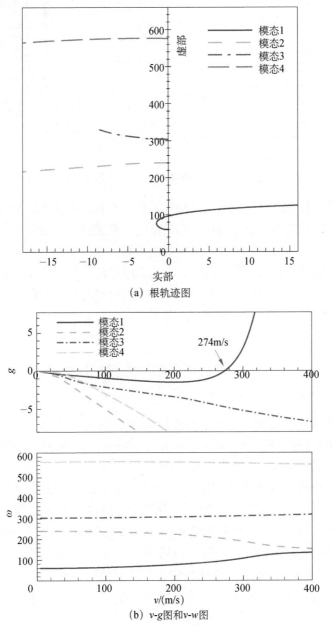

(a) 根轨迹图

(b) v-g图和v-w图

图 5-13　Ma=0.901 状态下降阶模型预测的颤振特性（彩图请扫封底二维码）

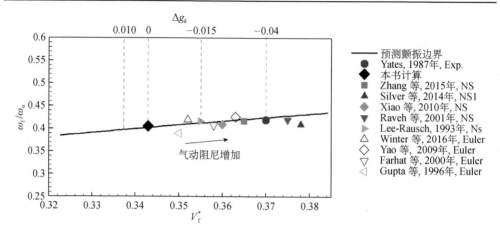

图 5-14　Ma=0.901 状态下阻尼变化预测的颤振边界与文献结果的比较（彩图请扫封底二维码）

另一方面，我们应该认识到气动模态阻尼也受到许多其他因素的影响。在数值模拟中，它受数值求解的黏性效应、离散格式、湍流模型、空间分辨率、网格分辨率等因素影响；在风洞实验中，它对模型的支撑方式、壁面干扰和来流湍流度等也比较敏感。这些因素都会导致预测的气动模态阻尼的差异，从而导致跨声速状态下颤振边界的差异。从气动模态阻尼的敏感性角度就很容易理解跨声速颤振边界的分散性了，这种分散性是物理上和数学上客观存在的。

5.2　跨声速嗡鸣特性研究

本节拟以全动舵面为例探究跨声速嗡鸣的响应特性。对于全动舵面模型，A、B 型嗡鸣通常不再严格区分，其来流马赫数一般为 0.7～0.95，C 型嗡鸣的来流马赫数依然为低超声速区，一般为 0.96～1.6。

研究模型采用 NACA0012 翼型，其俯仰支撑模型的示意图如图 5-15 所示，其中结构参数为无量纲质量比 μ、俯仰支撑的无量纲减缩频率 k_α 和支撑轴位置 a。流动参数为来流马赫数 Ma 和来流迎角 α_0。本节主要通过 4.2 节中的时域仿真方法研究 A/B 型跨声速嗡鸣的响应特性，流场计算采用 2.2 节中的 URANS 方法，结构运动方程如式（4-9）所示。在该研究中，最重要的两个变量是来流迎角 α_0 和结构减缩频率 k_α，其中来流迎角在抖振边界附近变化；结构减缩频率 $k_\alpha = 1/(v^*\sqrt{\mu})$，如无特殊说明，一般情况下固定 $\mu = 200$。

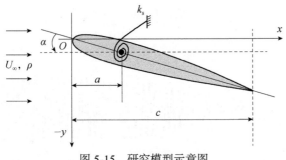

图 5-15　研究模型示意图

研究中还需要排除静气动载荷对翼型平衡迎角的影响。首先将翼型的俯仰轴选取在压心位置，以减小力矩系数引起的静平衡迎角；其次在结构运动方程中消除定常气动力的影响。表 5-1 给出了 NACA0012 翼型在 Ma=0.7，$\alpha_0 = 4° \sim 5°$ 范围时，按照定常方法计算的近似压力中心在距前缘 $0.224c$ 处的微幅变化。所以本书研究中将翼型的支撑点选取在 $0.224c$ 处。

表 5-1　压力中心（x_{pc}）随迎角的变化关系

α_0	4.0	4.1	4.2	4.3	4.4	4.5	4.6
x_{pc}	0.222	0.223	0.223	0.224	0.224	0.224	0.224

5.2.1　跨声速嗡鸣与跨声速抖振的关联性

对于跨声速嗡鸣，我们关心的是嗡鸣会在什么来流状态下发生；对于给定马赫数 Ma=0.7 的情形，则是关心在多大的来流攻角下会发生嗡鸣。为了区分嗡鸣的结构模式失稳和抖振流动下结构强迫响应的区别，在研究中来流攻角选择在刚性模型抖振始发攻角之下。

首先针对亚临界状态 Ma=0.7，$\alpha_0 = 4.5°$ 下开展气动弹性时域仿真研究，发现在较大的结构频率范围内结构都会出现较大幅值的极限环振荡。结构缩减频率 $k_s = 0.18$ 时的响应结果如图 5-16 所示，结构响应迅速发散，并最终进入极限环振动响应模型（LCO）振荡模式，各响应幅值分别为 $A(\alpha)=1.4°, A(C_l)=0.3, A(C_m)=0.05$。进一步地对结构位移响应进行功率谱分析发现，响应的主峰频率为 0.19，如图 5-17 所示，表明该弹性耦合系统响应的减缩频率与结构固有频率比较接近，但不完全相等。

其他亚临界迎角下（$\alpha_0 = 4.2°$ 和 $\alpha_0 = 4.0°$）也发现，在某些结构特征频率下系统是不稳定的。继续降低迎角到 $\alpha_0 = 3.9°$，当 $k_\alpha = 0.3$ 时，结构在初始扰动下会缓慢振荡发散并最终以较小的幅值等幅响应，如图 5-18 所示。图 5-19 所示的功率谱分析发现，响应频率为 0.3，与结构固有频率基本相等。而当来流迎角进一步减小，即 $\alpha_0 < 3.9°$ 时，在任何结构固有频率 k_α 下系统均是稳定的，不会发生颤振失稳。

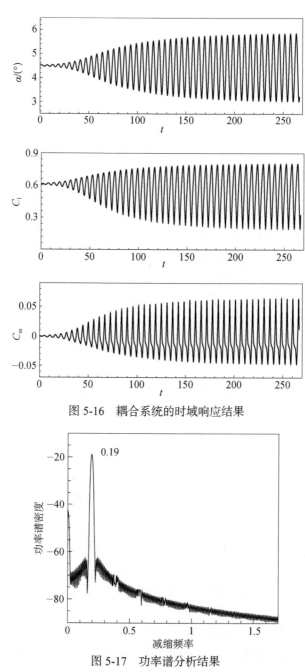

图 5-16 耦合系统的时域响应结果

图 5-17 功率谱分析结果

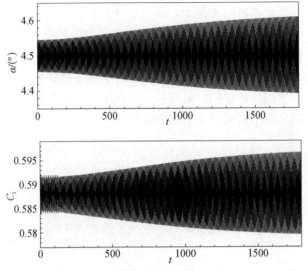

图 5-18　耦合系统的时域响应结果（$Ma=0.7$，$k_{\alpha}=0.3$）

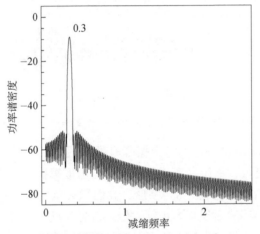

图 5-19　功率谱分析结果（$Ma=0.7$，$Re=3\times10^{6}$，$k_{\alpha}=0.3$）

　　以上分析可以看出，对于全动舵系统，在合适的来流状态下会触发俯仰单自由度颤振，即跨声速嗡鸣。然而这种单自由度颤振的触发对来流状态非常敏感，只在抖振起始迎角之下较小的区域发生，最小迎角为 3.9°，低于该迎角系统始终是稳定的。这与传统多自由度颤振中的颤振临界状态与来流迎角关系不大的结论不同。

　　接下来本书进一步针对结构频率为 $k_{\alpha}=0.15$ 和 $k_{\alpha}=0.4$ 状态，开展了系统在抖振亚临界、临界和超临界迎角下的时域响应特性分析，探究这种单自由度颤振与跨声速抖振间的联系。图 5-20 给出了结构频率为 0.4 时，耦合系统在来流迎角分别为 4.5°、4.6°、4.8°和 5°时的响应历程曲线。可以直观地看出，随着迎角的增大，系统的响应幅值增大。对于结构位移响应，在初始时刻，几个状态下的响应几乎同相，但最终稳定在某个固定的相角下。而对于升力系数响应，初始时刻，亚临界状态（4.5°和4.6°）下是近似简谐的高频响应，而临界状态（4.8°）和超临界状态（5°）下是叠加了低频成分的较复杂响应，但最终趋于一个幅值、相角稳定的响应。这是由于，在响应初始阶段，临界和超临界状态下抖振载荷对结构的强迫振动占主导，而后，随着耦合系统的自激振荡幅值的增大，抖振载荷对结构的影响越来越小，最后系统耦合频率只表现为结构固有频率。

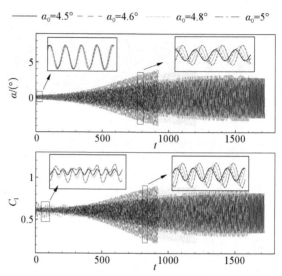

图 5-20 耦合系统在亚临界和超临界状态下的响应（$k_\alpha = 0.4$）（彩图请扫封底二维码）

图 5-21 给出了响应状态达到稳定振幅时的相图，可以看出各迎角下相图的形状基本相似，也就是说，系统在亚临界下的单自由度颤振特性与超临界下类似。另外，注意到力矩系数相图呈现"8"字形，其面积表示气动力对结构所做的功，正时针半环与负时针半环的面积基本相等，但是符号相反，也就是说此时一个周期内气动力对弹性系统做功基本为零，所以系统呈现等幅响应。

进一步地，图 5-22 和图 5-23 给出了结构频率分别为 $k_\alpha = 0.15$ 和 $k_\alpha = 0.4$ 时，迎角和升力系数响应幅值随来流迎角的关系，发现随着迎角的增加，从亚临界到超临界状态，振荡迎角和升力系数幅值在临界状态过渡平缓，相应的拟合曲线是光滑的。也就是说，这种颤振特性在抖振临界状态前后是连续变化的，而在离抖振起始迎角较远的抖振边界之下，如图 5-22 中所示的 $k_\alpha = 0.15$ 时的 4.2°，和 $k_\alpha = 0.4$ 时的 4°，系统会突然从极限环振荡状态转变为稳定状态，响应幅值几乎为零。这也进一步证明了这种单自由度颤振（嗡鸣）与跨声速抖振密切相关[211]。

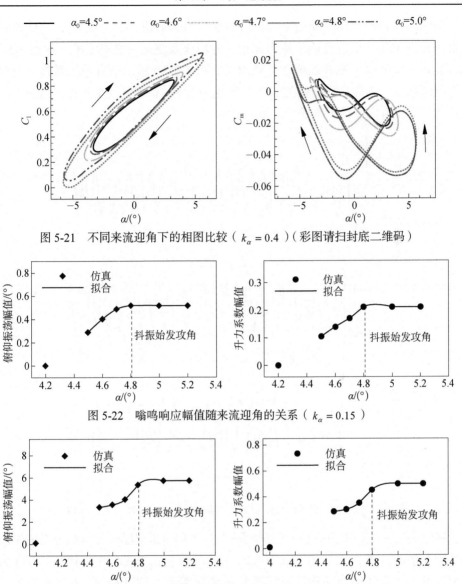

图 5-21　不同来流迎角下的相图比较（ $k_\alpha = 0.4$ ）（彩图请扫封底二维码）

图 5-22　嗡鸣响应幅值随来流迎角的关系（ $k_\alpha = 0.15$ ）

图 5-23　嗡鸣响应幅值随来流迎角的关系（ $k_\alpha = 0.4$ ）

5.2.2　嗡鸣发生的结构频率范围

嗡鸣研究的另一目的是确定其在多大的结构频率范围内会发生，因此，接下来重点研究这种单自由度颤振发生的频率范围。

首先针对来流状态 Ma=0.7， $\alpha_0 = 4.5°$ ，在质量比 $\mu = 200$ 下通过时域仿真研究 k_α 对耦合系统响应特性的影响。仿真发现，当 $k_\alpha < 0.12$ 时耦合系统始终是稳定

的，结构响应幅值为零。而当 $k_\alpha = 0.12$ 时结构的俯仰位移仅为 0.02°，与施加的初始扰动几乎相等，可以近似地认为此状态的耦合系统是临界稳定的，如图 5-24 所示。当 $k_\alpha = 0.13$ 时，耦合系统的时域响应如图 5-25 所示，耦合系统最终呈现稳定的极限环运动，俯仰位移振幅约 0.1°，表明此时弹性系统已发生失稳。这可以认为是该状态下单自由度颤振失稳下边界。

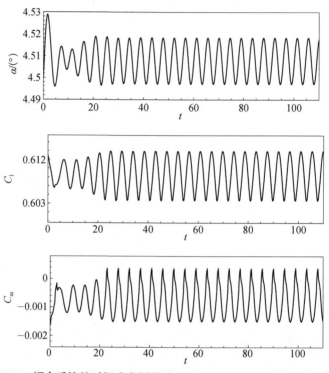

图 5-24　耦合系统的时间响应历程（Ma=0.7，$\alpha_0 = 4.5°$，$k_\alpha = 0.12$）

按照上述方法，本书在更大的结构频率范围和迎角范围内寻找耦合系统失稳的结构频率条件。图 5-26 给出了 $\alpha_0 = 4.5°$，$\alpha_0 = 4.2°$ 和 $\alpha_0 = 4.0°$ 三个状态下俯仰振荡幅值和升力系数幅值随结构固有频率 k_α 的变化关系。可以看出，在 4.5°迎角下，当 $k_\alpha < 0.13$ 或 $k_\alpha > 0.45$ 时的响应幅值很小，由上面的分析可以认为此时的系统是稳定的；而当 $0.13 < k_\alpha < 0.45$ 时，响应幅值随着 k_α 的增加先增加后减小，且远大于初始扰动的幅值，则此时系统是不稳定的，发生了单自由度颤振。也就是说，对于 $\alpha_0 = 4.5°$ 情形，发生单自由度颤振的结构固有频率范围为 $0.13 < k_\alpha < 0.45$。同样地，在 4.2°和 4°状态下也发现了类似的现象，只是发生单自由度颤振的范围要窄一些，在 4.2°迎角下的颤振范围是 $0.21 < k_\alpha < 0.45$，4°时是 $0.25 < k_\alpha < 0.45$。

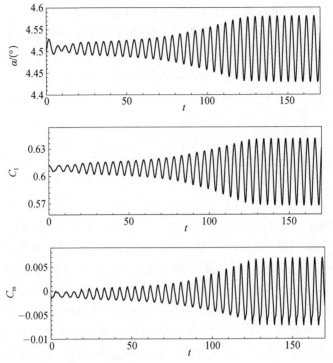

图 5-25 耦合系统的时间响应历程（$Ma=0.7$，$\alpha_0 = 4.5°$，$k_\alpha = 0.13$）

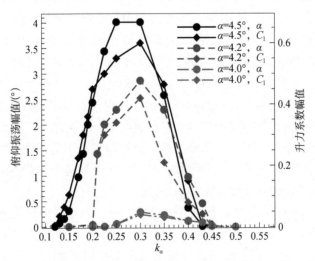

图 5-26 响应幅值随结构固有频率的变化关系（彩图请扫封底二维码）

从上述仿真结果可以看出，耦合系统是否发生单自由度颤振，与结构固有频率密切相关，只在某些特定的频率范围下才会发生。并且来流迎角离抖振始发攻角越近，能够诱发这种单自由度颤振的频率范围越宽，反之越窄。如图 5-26 所示，4°迎角下的颤振频率范围较 4.5°迎角状态下减小了近 30%。根据对前文的稳定性分析发现，跨声速抖振是由流动的本身不稳定性引起的，所以离抖振始发边界越近，流动的稳定性余量越低，耦合系统越容易被微小的扰动激发而引起失稳振荡。另外注意到，静止翼型在跨声速抖振状态下的无量纲减缩频率约为 0.19（图 2-16）。对比发现，能够诱发单自由度颤振的结构频率范围与抖振频率存在一定的偏差，并不是经典认识中的在共振频率附近。以上这些现象用经典的颤振理论并不能解释。

5.2.3　嗡鸣的功能解释

在前人的研究中，跨声速嗡鸣的诱发机理主要有两种主流观点。第一种由 Erickson 等[63]提出，他们发现，主翼或操纵面上下表面的激波会前后晃动，并且激波的运动与操纵面的振动之间存在明显的相位滞后现象，进而导致操纵面的持续振荡。另一种观点由 Lambourne[52]提出的。他认为，A 型和 B 型嗡鸣与激波并没有直接关系，而与激波导致的分离密切相关，周期性分离与操纵面运动间的耦合导致嗡鸣的发生。实际上，不管是"相位滞后"还是分离解释，其核心都是气动力负阻尼效应，归结为能量的观点，即气流对结构做功。本节也从强迫俯仰运动的相角延迟现象及其功能转换的角度，对上述嗡鸣响应及其触发的结构频率范围进行验证分析。为了保证力矩系数具有较好的简谐性，俯仰运动的振幅 $\alpha_m = 0.2°$。

图 5-27 给出了在 $k_\alpha = 0.18$ 时，来流迎角分别为 3.5° 和 4.8° 时的迎角响应和力矩系数响应，其中 φ 表示力矩系数与俯仰位移响应的延迟相角。当来流迎角 $\alpha_0 = 4.8°$ 时，延迟相角为 $\varphi_{\alpha=4.8} \sim 119°$（小于 180°）；而当来流迎角 $\alpha_0 = 3.5°$ 时，延迟相角为 $\varphi_{\alpha=3.5} \sim 230°$（大于 180°）。图 5-28 给出了上述两个状态下的相图，可以看出，在 3.5° 来流迎角下，相图的环是逆时针的，表明该状态下气动力对结构做负功（力矩和俯仰角都定义为抬头为正）；而在 4.8° 来流迎角下则相反，环是顺时针的，表明该状态下气动力对结构做正功，所以该状态下的气动弹性系统是不稳定的，这与上文中的仿真结果一致。因此，可以通过强迫运动法获得的相图面积（俯仰阻尼导数）来表征单自由度系统的稳定性。

进一步地，图 5-29 给出了不同结构减缩频率下，延迟相角随来流迎角的变化关系。可以看出，在某些来流迎角下，延迟相角低于 180°，而这恰好也是相应的气动弹性系统的失稳区域；而当延迟相角大于 180° 时，相应的气动弹性系统始终是稳定的。随着迎角的增加，延迟相角从稳定区逐渐向非稳定区过渡，当接近抖振边界时发生失稳。从功能转换的角度来看，通过相位延迟或者气动力对结构做功的方向可以合理解释颤振的发生，这也是前人解释的单自由度颤振的发生机理[97-99]。

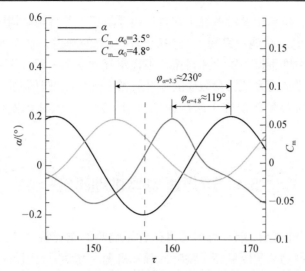

图 5-27　力矩响应对俯仰响应的延迟相角（彩图请扫封底二维码）

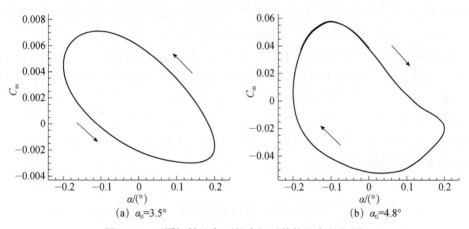

图 5-28　不同初始迎角下的力矩对俯仰迎角的相图

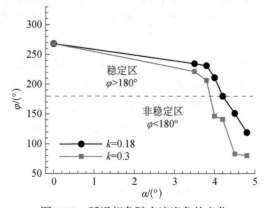

图 5-29　延迟相角随来流迎角的变化

　　但是，为什么单自由度颤振发生在抖振边界附近，并且与结构固有频率密切相关？这些并不能通过功能关系得到很好的解释。总的来说，从上面的研究可以看出，跨声速单自由度颤振与跨声速抖振（不稳定气动模态）密切相关，但是仅通过数值仿真方法很难进行系统的参数研究，并且效率很低，需要通过气动力降阶方法（ROM）开展系统高效的研究，跨声速单自由度颤振的具体诱发机理将在 5.3 节展开。

5.3　跨声速嗡鸣机理研究

　　5.2 节通过 CFD/CSD 耦合时域仿真研究了嗡鸣的响应特性，并从相位延迟或者气动力对结构做功的角度验证了嗡鸣的触发机理。气动力负阻尼（能量）的解释本身并没有任何问题，这也是导致嗡鸣发生的最直接原因。然而，所有的颤振问题都可以通过该观点解释，这显然不是嗡鸣的最突出特征。相位延迟显然只是嗡鸣触发的表象，而不是这种单自由度颤振触发的根本诱因。

　　5.2 节中的数值仿真研究还表明，嗡鸣仅在特定的流动状态（与跨声速抖振边界有一定相关性）和结构参数（有限的操纵面旋转固有频率范围内）下发生。但是，为什么仅在抖振边界附件才会触发？以及结构频率的上下界有没有明确的物理意义？这些更深入的研究仅通过数值仿真很难给出明确的答案。接下来本节通过降阶模型方法开展跨声速嗡鸣的诱发机理及失稳参数研究，研究模型依然采用图 5-15 所示的 NACA0012 翼型。

5.3.1　基于降阶模型的嗡鸣特性预测

　　针对 NACA0012 全动舵面，本书通过 3.3 节中的方法构建非定常气动力降阶模型，进而构建俯仰支撑全动舵面的气动弹性分析模型，研究不同结构参数下耦合系统的稳特征。

　　图 5-30 给出了 $Ma=0.7$，$Re=3 \times 10^{6}$，$\alpha = 4.5°$ 状态，典型质量比下耦合系统的根轨迹随结构频率的变化。可以看出，当结构频率与气动模态特征频率接近时，气动模态分支和结构模态分支耦合，发生"排斥"现象，其中结构模态的特征值穿越虚轴，进入不稳定的右半平面，耦合系统发生失稳颤振。图中红色方形是该状态下非耦合流动主导特征模态。尽管该特征模态是稳定的，但是稳定余量较低，容易与结构模态形成较强的耦合作用，进而导致结构模态失稳。因此，流动主导模态在耦合过程中扮演了重要的角色。从图中还可以看出，结构模态的失稳频率范围受质量比影响较小，为 0.18～0.42。图 5-31 给出了颤振边界随质量比的变化，其中的左

右边界分别定义为 $k_{\alpha\text{-left}}$ 和 $k_{\alpha\text{-right}}$。随着质量比的增加，左边界右移，逐渐趋近于流动特征频率 $k_\text{f}=0.17$；而右边界几乎不随质量比变化，始终在 0.42 附近。图 5-32 中还给出了部分质量比下失稳边界的 CFD 仿真结果，两者吻合很好。

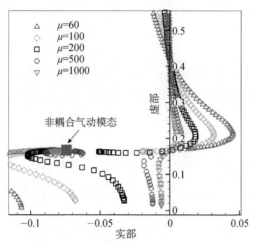

图 5-30　耦合系统随结构频率变化的根轨迹图（Ma=0.7，α = 4.5°）（彩图请扫封底二维码）

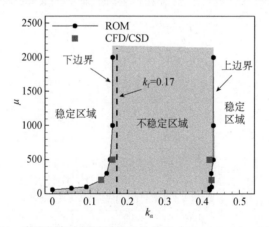

图 5-31　失稳频率边界随质量比的关系（Ma=0.7，α = 4.5°）

图 5-32 和图 5-33 分别给出了质量比 μ = 200 时左右边界附近的时域响应对比，ROM 仿真结果与 CFD/CSD 时域仿真结果很好地吻合，准确预测了该状态下颤振的两个边界：$k_{\alpha\text{-left}}=0.13$，$k_{\alpha\text{-right}}=0.42$。右边界附近的预测精度很高，但是左边界附近时的预测误差较大，这主要是由于，该状态下的结构固有频率接近抖振频率，耦合效应明显，而对于 ROM 方法难以给出精确的流场初值，所以导致 ROM 方法的响应预测误差较大。但是，总的来说，降阶模型对稳定性边界和响应特性的预测是准确的。

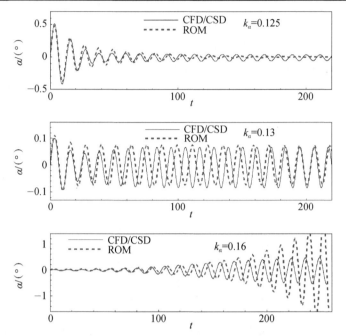

图 5-32　左边界附近不同结构频率下时域响应与 ROM 结果对比

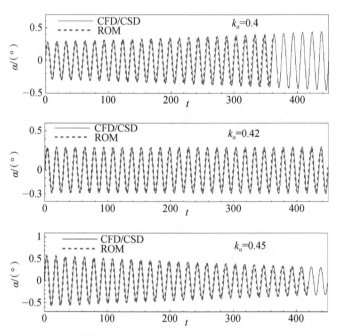

图 5-33　右边界附近不同结构频率下时域响应与 ROM 结果对比

进一步地，在更大的迎角范围内研究，图 5-34 给出了质量比 $\mu = 200$ 时，稳定性边界随来流迎角的变化，耦合系统在 $\alpha_0 = 3.9°$ 附近时是近似临界稳定的，而当

$\alpha_0 < 3.9°$ 时，在任何无量纲结构频率 k_α 下系统都不会出现自激振荡。这与 5.2.1 节中采用 CFD/CSD 时域仿真求得的稳定性边界吻合很好。这进一步说明降阶模型方法的正确性，但该方法只需要通过几个典型迎角下的信号训练，得到相应迎角下的降阶气动力模型和弹性系统的降阶模型，通过特征分析便很快能够得到如图 5-34 所示的稳定性包线，计算效率较 CFD/CSD 时域仿真方法可以至少提高一个量级。最重要的是，该方法可以获得耦合结构模态随参数变化的根轨迹特征，非常方便开展嗡鸣发生机理和失稳参数的研究。

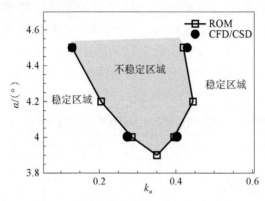

图 5-34　不同亚临界来流迎角下的失稳边界

5.3.2　A/B 型嗡鸣机理分析

针对 NACA0012 翼型的全动舵面，在来流状态为 $Ma=0.7$，$\alpha=3.5°\sim4.8°$ 下，通过 CFD/CSD 数值仿真发现，在抖振边界之下有限迎角范围内，且在特定的结构俯仰支撑频率下，耦合系统会发生单自由度失稳颤振，即 A 型嗡鸣。A 型嗡鸣发生的结构频率范围和最终的振荡幅值与来流迎角有关，越接近抖振始发迎角，失稳范围越宽，振幅越大。

降阶模型分析发现，A/B 型嗡鸣的诱发与跨声速流动稳定性降低（跨声速抖振）密切相关，其本质是模态耦合引起的单自由度颤振[54]，但是与结构间模态耦合引发的经典颤振不同，此时的单自由度颤振是由结构模态与最不稳定气动模态耦合引发的。这种模态耦合失稳的发生需要具备两个条件，一是气动模态的阻尼必须足够小，二是结构固有频率与流动特征频率满足一定的相对关系。这两个条件能够解释为什么 A 型嗡鸣总是发生在特定的流动状态下（抖振始发边界附近），并对来流动压不敏感，而对结构固有频率敏感。

以上研究较经典的相角和功能解释更直观且深刻地揭示了 A 型嗡鸣诱发机理，对理解 A 型嗡鸣的物理本质很有帮助。但是频率条件依然没有指明结构频率失稳边界的物理意义，同时该研究仅针对马赫数 Ma=0.7 的 A 型嗡鸣情形。因此，接下来我们将进一步探究频率失稳边界的物理机理，以及增大马赫数或迎角后的 B 型嗡鸣的失稳机理。

1. 来流迎角的影响

首先在 Ma=0.7 状态下，研究来流攻角的影响，来流状态如表 5-2 所示，表中还给出了降阶模型分析得到的流动主模态特征值。从中可以发现 Ma=0.7 时抖振的始发和退出攻角分别是 α_{onset}=4.8° 和 α_{offset}=5.8°，这与图 3-27 中的结果一致。这表明，除了在抖振始发迎角附近（ $\alpha < \alpha_{\mathrm{onset}}$ ）存在亚临界稳定区，在退出迎角附近（ $\alpha > \alpha_{\mathrm{offset}}$ ）也存在亚临界稳定区。前文的研究主要集中在始发迎角附近，接下来在 Ma=0.7 时的抖振退出攻角附近开展嗡鸣的诱发及相关特性研究。对于全动舵，这些流动状态下对应的嗡鸣统称为 A/B 型。

表 5-2　典型研究状态（Ma=0.7）及其流动特征值

抖振始发边界附近流动主模态特征值				抖振退出边界附近流动主模态特征值			
α	实部	虚部	备注	α	实部	虚部	备注
3.8	−0.36	0.2		5.8	0.01	0.22	抖振退出
4.0	−0.26	0.192		6.0	−0.03	0.23	
4.2	−0.17	0.19		6.2	−0.05	0.24	
4.5	−0.05	0.170		6.5	−0.08	0.25	
4.8	0.03	0.173	抖振始发				

图 5-35 给出了 Ma=0.7，α=6.2° 时，不同质量比下系统的特征值实部和虚部随结构频率的变化。从图 5-35（a）中的较小质量比结果可以看出，特征值变化规律与 α=4.5° 的亚临界状态类似，首先根据频率特性确定各分支的模态属性，进而可将失稳区域分为模式 Ⅰ 和模式 Ⅱ，其中模式 Ⅱ 是抖振特性主导的失稳，失稳范围为 $0.13 < k_\alpha < 0.22$，该模式的失稳机理及特性将在 6.2 节中讨论。模式 Ⅰ 是结构模态分支失稳导致的单自由度颤振，失稳阻尼约为 0.02（特征值实部），对应的频率范围为 $0.22 < k_\alpha < 0.51$。这说明，在抖振退出边界附近的亚临界状态也会诱导发生单自由度颤振（A/B 型嗡鸣）。图 5-36 给出了 $\mu = 200, k_\alpha = 0.25$ 时的结构位移和力系数响应曲线及功率谱分析结果，可以看出系统失稳发散较快且极限环振荡幅值较大，其中 α 表示结构俯仰振荡响应角度，结构耦合响应频率完全等于结构固有频率。

另外，从不同质量比的结果比较可以发现，质量比越大，模式 Ⅱ 的失稳区域越小，$\mu = 800$ 时，不存在模式 Ⅱ 型失稳（图 5-35（b））；但是模式 Ⅰ 的失稳区域几乎不受质量比影响。这与 α=4.5° 亚临界状态的结论类似。

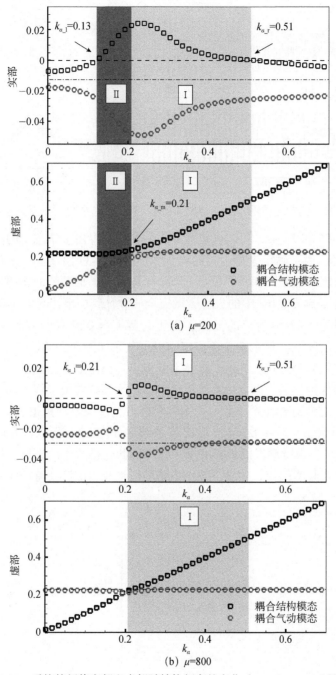

图 5-35　系统特征值实部和虚部随结构频率的变化（Ma=0.7，α=6.2°）

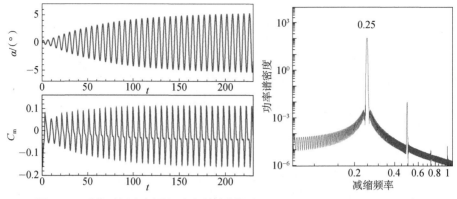

图 5-36　系统时间响应历程及功率谱分析（Ma=0.7，$\alpha = 6.2°$，$k_\alpha = 0.25$）

对比图 5-35 和表 5-2，可以确定模式 I 的失稳下界由该状态下的流动主模态的特征频率决定。为了确定失稳上界的物理本质，图 5-37 给出了 Ma=0.7，$\alpha = 6.2°$ 状态下开环系统的伯德图和其零极点分布。可以发现，伯德图的相频曲线预测的系统失稳范围与图 5-35（b）中的失稳区域完全一致，其中下边界 $k_\alpha = 0.22$ 对应幅频曲线中的极大值，表示系统的极点；而上边界 $k_\alpha = 0.51$ 对应幅频曲线中的极小值，表示系统的零点。该系统最不稳定零极点分布如图 5-37（b）所示，相关特征频率与上述结果完全一致。此外，虽然系统极点是稳定的，但是零点是不稳定的，根据自动控制理论中的零极点关系可以确定，最终系统在极点频率和零点频率之间发生失稳。以上针对开环系统的伯德图和零极点的现象及分析也完全适用于表 5-2 中所示的其他状态，其中 $\alpha = 4.5°$ 状态下的结果如图 5-38 所示，开环零点频率为 0.42，与系统单自由度颤振的上界完全一致。因此，模式 I 的失稳上界由开环系统的最不稳定零点频率决定，失稳下界由系统的极点频率即流动特征频率决定[54]。

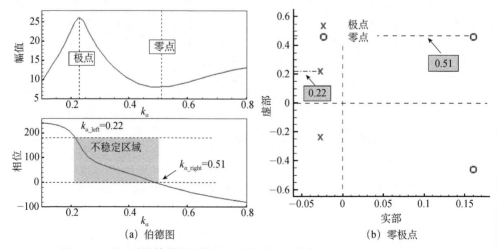

图 5-37　开环系统伯德图及其最不稳定零极点分布（Ma=0.7，$\alpha = 6.2°$）

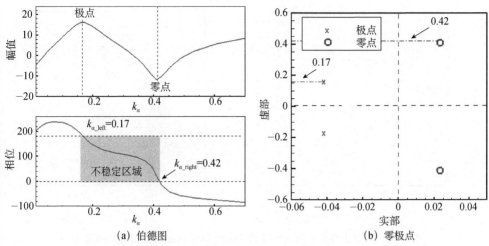

(a) 伯德图　　　　　　　　　　(b) 零极点

图 5-38　开环系统伯德图及其最不稳定零极点分布（Ma=0.7，$\alpha = 4.5°$）

图 5-39 进一步给出了抖振始发迎角附近和退出迎角附近若干来流状态下的根轨迹图比较，同时图 5-40 给出了失稳区域和零极点的比较。可以发现，两种状态下的根轨迹变化规律一致，在始发迎角附近，随着迎角的增加（靠近抖振始发攻角），系统失稳区域和强度都增大；类似地，在退出迎角附近，随着迎角的减小（靠近抖振退出攻角），系统失稳区域和强度增大。这说明，B 型嗡鸣和 A 型嗡鸣类似，本质上都是由最不稳定气动模态与结构模态耦合导致的单自由度颤振，其诱发条件之一都要求该状态下流动的稳定性足够低，且流动稳定性越低，系统越容易失稳。另外，从图 5-40 对比发现，A 型嗡鸣和 B 型嗡鸣中结构模态失稳的上、下边界分别由开环系统的零点、极点决定。这从根本上解释了失稳上界的物理意义，对研究嗡鸣的特性和工程中操纵面的防嗡鸣设计具有重要的指导意义。

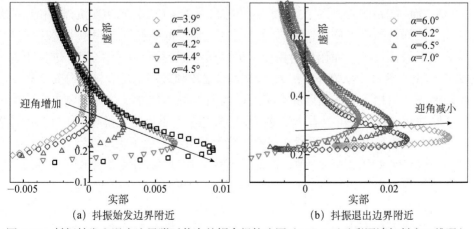

(a) 抖振始发边界附近　　　　　　　　　　(b) 抖振退出边界附近

图 5-39　抖振始发和退出边界附近状态的耦合根轨迹图（Ma=0.7）（彩图请扫封底二维码）

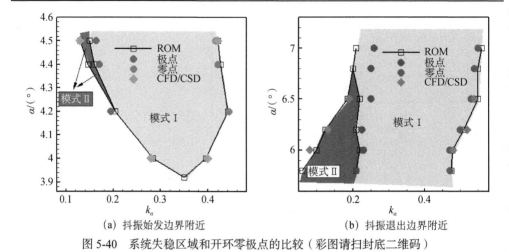

(a) 抖振始发边界附近　　　　　　　　　　(b) 抖振退出边界附近

图 5-40　系统失稳区域和开环零极点的比较（彩图请扫封底二维码）

2. 来流马赫数影响

由图 3-28 的结果可知，流动在较高的马赫数时，即使零攻角下也会发生抖振失稳，抖振的始发边界在 $0.82Ma$ 附近，退出边界在 $0.85Ma$ 附近。因此，当流动在 $Ma < 0.82$ 和 $Ma > 0.85$ 有限范围内也是接近失稳的亚稳定流动，具备诱发单自由度颤振的流动稳定性足够低的条件。接下来，本书在这些来流状态下开展耦合系统的稳定性分析。前人的研究表明，当来流马赫数较高时，更容易出现以沉浮为主的单自由度颤振。因此，本节的翼型系统仅考虑沉浮自由度，沉浮方向的支撑系统固有频率和质量比为研究参数。

图 5-41 给出了马赫数分别为 0.81 和 0.85 时，降阶模型得到的耦合系统的特征值实部和虚部随结构频率的变化轨迹。可以看出，在一定的结构频率范围内，结构模态分支进入右半平面，即诱发单自由度颤振。当 $Ma=0.81$ 时，失稳频率范围为 $0 < k_h < 0.16$，而当 $Ma=0.85$ 时，失稳频率范围为 $0 < k_h < 0.25$。这表明沉浮自由度的失稳形式与俯仰自由度不同，沉浮自由度会在无限小的结构固有频率下失稳，即失稳的频率下限接近零；而俯仰自由度的失稳频率范围为一有限区间。进一步地，图 5-42 给出了这两个状态下，开环系统的伯德图和最不稳定零极点分布比较，可以发现伯德图的相频曲线预测的系统失稳范围与图 5-41 中的降阶模型方法预测的失稳区域基本一致。还可以看出伯德图中的失稳上、下界的关键频率正好与系统极点和零点的频率互相对应，也就是说本研究中的系统失稳频率边界依然是由零极点决定的，这与前文中的结论一致。因此，不管是俯仰模式还是沉浮模式，系统失稳的频率范围都是由零极点的频率决定的。但是不同的结构支撑模式导致的零极点频率的关系并不一致，对于沉浮模式，零点频率几乎为零，造成了耦合系统在极小的支撑频率下也会失稳。这是两种支撑模式下，耦合系统失稳区间存在较大差

异的根本原因。

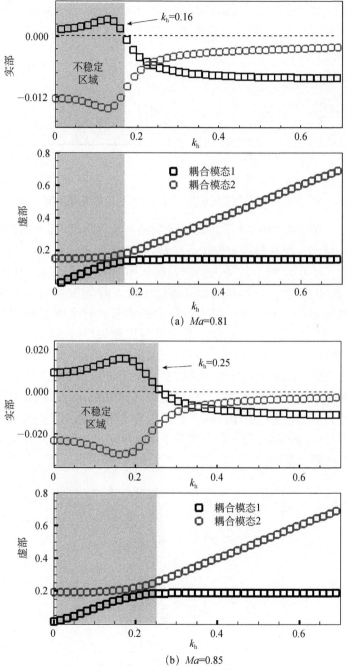

（a）Ma=0.81

（b）Ma=0.85

图 5-41　系统特征值实部和虚部随结构频率的变化

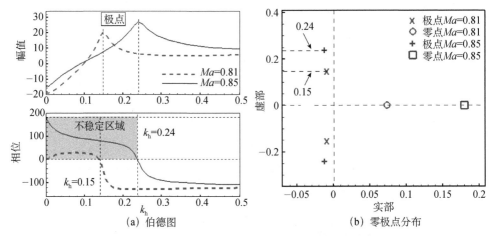

(a) 伯德图　　　　　　　　　　　(b) 零极点分布

图 5-42　开环系统伯德图及其最不稳定零极点分布

进一步地，图 5-43 中给出了抖振始发和退出边界附近不同来流马赫数下系统的根轨迹图。对比发现在抖振始发边界（Ma=0.82）附近，Ma=0.79 时系统是完全稳定的，而当 Ma=0.81 时系统是失稳的；在抖振退出边界（$Ma \approx 0.85$）附近，当 Ma=0.85 和 Ma=0.87 时，虽然系统都是不稳定的，但是 Ma=0.85 状态下的失稳范围和失稳强度明显强于 Ma=0.87 状态。结合各状态下的流动主模态特征值的稳定性（图 3-26）可以发现，耦合系统的稳定特性以及失稳区域都与流动稳定性密切相关，越接近抖振边界，越容易诱发单自由度颤振，并且失稳频率范围越宽，这与上文中的结论一致，即单自由度颤振的诱发要求气动模态的稳定性足够低。图 5-44 给出了不同马赫数状态下耦合系统的失稳范围，其中 Ma=0.82～0.84 为抖振状态，流动已经失稳，从图中可以看出系统失稳范围与马赫数的密切关系。图中还给出了伯德图中极点对应的频率，与失稳上界几乎完全重合，进一步表明可以通过零极点预测系统的失稳频率范围。

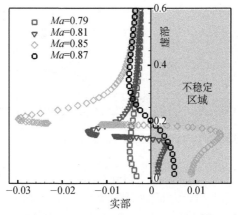

图 5-43　不同马赫数下系统根轨迹的变化（彩图请扫封底二维码）

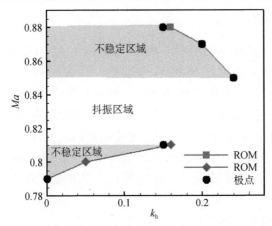

图 5-44　沉浮自由度下，不同马赫数时系统失稳边界和开环极点的比较

5.3.3　C 型嗡鸣机理分析

Lambourne[52]通过理论模型预测的可能发生 C 型嗡鸣的马赫数范围为 0.96～1.4，在该范围内，激波运动的负阻尼效应导致结构的俯仰振荡。图 5-45 给出了 Ma=0.95、1.0、1.2 和 1.5 时的定常流场压力云图分布，可以发现这几个状态下激波已经完全到达翼型尾缘。本书将主要针对这几个典型状态讨论 C 型嗡鸣的失稳特性及其诱发机理。

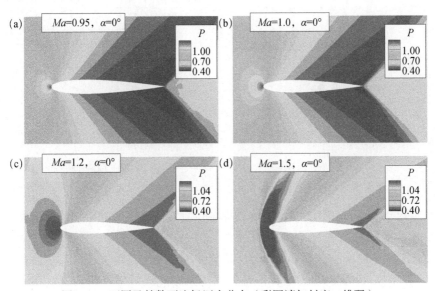

图 5-45　不同马赫数下流场压力分布（彩图请扫封底二维码）

1. 嗡鸣特性分析

首先研究 C 型嗡鸣的失稳特性。图 5-46 给出了 Ma=1.2 时降阶模型预测的不同质量比下系统特征值随结构频率的关系，其中俯仰轴位于 0.15 倍弦长处（a=0.15），质量比 μ=60、100、200 和 500。与 A/B 型嗡鸣不同，从图 5-46（a）中并不能提取出明显的参与耦合的气动特征模态，但是依然存在结构分支的失稳。失稳上边界为 k_α=0.19，当 k_α < 0.19 时系统是不稳定的。另外，对比不同质量比的结果发现，质量比对系统失稳区域几乎没有影响，这与文献结果及飞行实验数据类似。从图 5-46（b）的特征值实部（阻尼特性）和虚部（频率特性）随结构频率的变化关系可以看出，C 型嗡鸣的失稳阻尼很小，约为 0.001，较 A/B 型嗡鸣低一个量级以上，同时系统耦合频率始终近似地跟随结构固有支撑频率。图 5-47 和图 5-48 分别给出了质量比 μ=200 下，k_α=0.16 和 k_α=0.20 时 CFD/CSD 仿真计算的时域响应及功率谱分析结果。首先，CFD/CSD 仿真方法计算的失稳边界与模型预测结果一致；其次，时域响应的增幅率/衰减率表明系统的小阻尼特性；最后功率谱结果也与频率根轨迹预测结果一致。因此，本书的降阶模型方法能够准确预测 C 型嗡鸣的失稳特性。

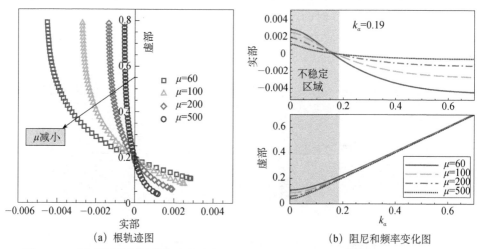

（a）根轨迹图　　　　　　　　　　（b）阻尼和频率变化图

图 5-46　系统根轨迹随结构频率的变化（Ma=1.2，a=0.15）（彩图请扫封底二维码）

图 5-49 给出了 Ma=1.2 时，不同支撑轴位置对失稳区域的影响。可以发现，当 a<0.25 时，支撑轴对失稳范围影响很小。但是当 a>0.25 时，随着支撑位置的后移，失稳区域迅速减小；当 a=0.5 时，系统并不会发生嗡鸣失稳。虽然后移支撑轴位置可以抑制 C 型嗡鸣的发生，但是，为了兼顾舵机效率、扭转发散和弯扭耦合颤振特性，舵轴过分后移这一策略在工程实际中并不容易实现。

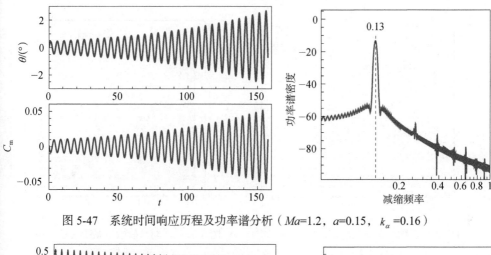

图 5-47　系统时间响应历程及功率谱分析（Ma=1.2，a=0.15，k_α=0.16）

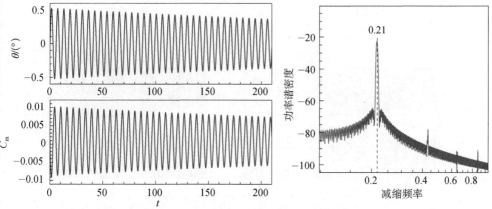

图 5-48　系统时间响应历程及功率谱分析（Ma=1.2，a=0.15，k_α=0.20）

本书进一步研究马赫数的影响。发现相关现象与 Ma=1.2 类似，只是具体的失稳范围不同。图 5-50 给出了 Ma=0.89～1.8 范围内系统的失稳区域，其中支撑轴固定于 a=0.15，质量比 μ=200。模型预测结果与 CFD/CSD 仿真结果几乎一致。研究发现，随着马赫数的增加，失稳范围逐渐减小，能够诱发 C 型嗡鸣的马赫数范围为 0.91～1.6，这与 Lambourne 预测的范围很接近。另外本书发现，稳定边界在马赫数为 0.9 附近发生突变，Ma=0.90 时系统完全稳定，而当 Ma=0.91 时系统在较大范围内失稳。图 5-51 分别给出了 Ma=0.90 和 Ma=0.91 时流动的压力云图分布，可以发现 Ma=0.90 时，激波位于 0.95 倍弦长附近，还没有完全到达尾缘，而当 Ma=0.91 时，激波已经完全到达尾缘。因此，激波拓扑结构的变化是系统稳定性在马赫数为 0.9 附近突变的根源。

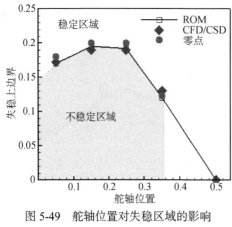
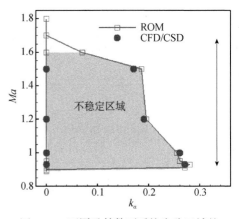

图 5-49　舵轴位置对失稳区域的影响　　　　图 5-50　不同马赫数下系统失稳区域的
（ Ma=1.2 ）　　　　　　　　　　　　　比较

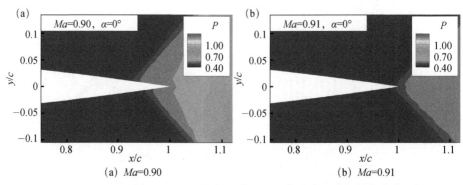

图 5-51　Ma=0.90 和 Ma=0.91 时流场压力云图比较（彩图请扫封底二维码）

2. 诱发机理研究

本节依然从气动模态的角度讨论 C 型嗡鸣的诱发机理。首先，图 5-52 给出了 a=0.15 时流动最不稳定特征值实部随马赫数的变化，在嗡鸣马赫数范围内，流动阻尼基本在 −0.2 附近。但是随着马赫数的进一步增加（ Ma>1.6 ），流动阻尼迅速减小，嗡鸣不再发生。因此，C 型嗡鸣的诱发依然与流动在低超声速区稳定性余量较低有关。然而，低超声速区流动的稳定余量显然高于 A 型和 B 型嗡鸣所处的近失稳状态，因而 C 型嗡鸣中气动模态耦合较弱，失稳阻尼较低，表现为一种缓和型颤振。因此，在工程中适当增加操纵系统的阻尼可以有效实现 C 型嗡鸣的抑制。

图 5-53 给出了 Ma=1.2 时开环系统的伯德图和零极点分布，可以看出，伯德图预测的失稳边界与 CFD/CSD 仿真结果一致，并且失稳上界频率与系统零点频率相同。进一步地，图 5-54 给出了不同马赫数下的失稳边界的比较，可以发现，模型预测的失稳上界与零点频率近似相等。因此，与 A/B 型嗡鸣的失稳上界特性一

致，C 型嗡鸣的失稳上界也是由系统的零点频率决定。

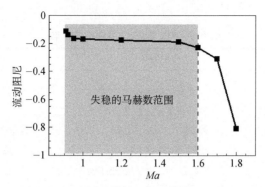

图 5-52　不同马赫数下气动模态阻尼特性

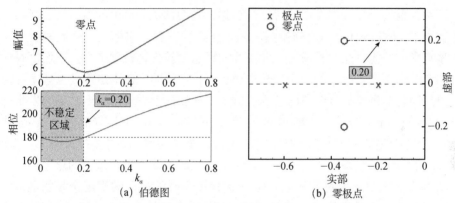

（a）伯德图　　　　　　　　　　　　　（b）零极点

图 5-53　开环系统伯德图及其最不稳定零极点分布（Ma=1.2）

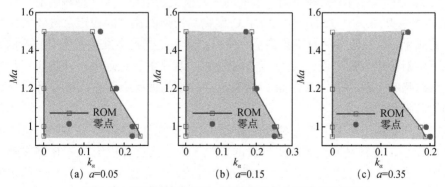

（a）a=0.05　　　　　　　　（b）a=0.15　　　　　　　（c）a=0.35

图 5-54　不同刚轴位置时，系统的零点分布和失稳范围

5.3.4　A/B 型和 C 型嗡鸣的比较和讨论

A/B 型嗡鸣和 C 型嗡鸣都是工程中常见的有限幅值的气动弹性问题，曾困扰

了很多工程型号的设计，现针对这两种嗡鸣的响应特性及诱发机理进行比较，具体的异同点如表 5-3 所示[212]。

表 5-3　A/B 型和 C 型嗡鸣的比较

类别	A/B 型嗡鸣	C 型嗡鸣
马赫数范围	0.7～0.86	0.91～1.6
流动特点	有较小的攻角	零攻角
结构频率失稳范围	0.15～0.5 （极点频率～零点频率）	0～0.2 （极点频率～零点频率）
目前工程中解决途径	增加舵轴刚度为主	施加阻尼为主
失稳机理	气动模态接近失稳，与结构模态耦合诱发结构分支失稳，形成单自由度型颤振	
潜在解决途径	从气动外形或拓扑形状设计的角度提高流动稳定性，进而从根本上抑制嗡鸣的发生	

　　这两类嗡鸣具有许多类似的特点。首先，它们都是单自由度型的失稳颤振，表现为舵面/全动舵面有限幅值的振荡。从失稳特性来看，质量比（来流密度）对这两类嗡鸣影响较小，而对马赫数、迎角等较敏感。从失稳机理来看，它们都是气动模态和结构模态耦合造成的结构分支失稳，并且失稳频率范围由零极点频率决定。

　　但是同时两者又具有明显的差别。首先，从表面上看，两种形式嗡鸣发生的流动状态不同，即来流马赫数和来流攻角不同。A/B 型嗡鸣常发生在马赫数 $Ma=0.7～0.86$ 范围内，往往具有一定的攻角，而 C 型嗡鸣发生在 $Ma=0.95～1.6$ 范围内，一般零攻角状态即可发生。两者更深层次的不同体现在流动的稳定性不同，虽然两者都是本质上稳定的流动，但是 A/B 型嗡鸣的流动的稳定余量明显低于 C 型嗡鸣，从流动主模态对应的特征值的实部（阻尼特性）来看，两者相差 10 倍左右。这直接影响其与结构模态耦合形成的失稳模式的强弱，A/B 型嗡鸣的失稳负阻尼较 C 型嗡鸣高一个量级左右。由于 C 型嗡鸣所处的流动的稳定余量较大，气动模态的频率特征接近零频且不易捕捉，所以耦合系统失稳会发生在极小的结构频率状态下（对应极大的来流速度），类似于土木工程中的驰振现象。从响应历程看，A/B 型嗡鸣的振荡幅值较大，而 C 型嗡鸣在较小的振幅下就进入极限环状态，振荡幅值有限。

　　以上现象也决定了工程上对两类嗡鸣的改出措施是不同的。C 型嗡鸣由于失稳负阻尼较小，很容易通过施加阻尼器的方式改出，而这种措施对 A/B 型嗡鸣并不太实用，因为往往需要施加足够大的阻尼才有效，这会造成操纵面对舵机指令响应的"迟钝"，不利于正常的飞行控制。A/B 型嗡鸣则主要通过提高舵轴的刚度改出，但是提高多少能够改出却没有具体的设计准则，实践中往往预留较大的刚度余量，付出的结构质量代价较大。

　　通过对嗡鸣的机理分析可以发现，气动模态的稳定性余量是诱导嗡鸣发生和决定失稳特性的关键因素，因此，今后研究可以通过气动外形设计的方式设法提高气动模态的稳定余量，进而从根本上抑制嗡鸣的发生，这种方式并不会增加结构复杂度和结构质量。

5.4 本 章 小 结

本章通过时域 CFD/CSD 仿真方法以及构建的基于 ROM 的气动弹性统一分析模型方法，分别针对跨声速颤振边界的分散现象以及跨声速嗡鸣的诱发机理开展研究，主要总结如下所述。

跨声速状态下的颤振边界对流动参数（马赫数和攻角）扰动更敏感，即微小的流动参数改变将对颤振边界的预测产生较大的影响，这实际上是颤振边界在跨声速状态下的大分散现象的体现之一。$Ma=1.141$ 状态下存在一个对颤振特性有明显影响的气动特征模态。气动模态阻尼的扰动会显著影响颤振边界，甚至会改变颤振失稳分支。跨声速气动模态阻尼较低并且难以准确预测，是跨声速颤振边界存在大分散现象的根源。跨声速气动模态的阻尼特性受很多参数影响，既包括物理参数 Ma、Re、迎角等，也包括计算环境中的湍流模型、网格密度、时空格式、计算步长等，以及风洞实验中模型支撑方式、洞壁干扰效应、来流湍流度等。从气动模态阻尼的敏感性角度就很容易理解跨声速颤振边界的分散性了，这种分散性是物理上和数学上客观存在的。

跨声速嗡鸣本质是由最不稳定气动模态与结构模态耦合导致的单自由度颤振，其诱发要求气动模态的稳定性足够低（接近失稳，往往在抖振始发边界和退出边界附近），且流动稳定性越低，嗡鸣越容易诱发。嗡鸣诱发的结构支撑频率边界由系统的开环极点和零点对应的频率决定，零极点频率是防嗡鸣设计中需要规避的关键频率。

从分析结果来看，三类嗡鸣都是单自由度型的失稳颤振，本质上是由稳定性较低的气动模态和结构模态耦合造成的结构分支失稳。A/B 型嗡鸣发生在跨声速区，流动处于亚临界稳定状态。C 型嗡鸣发生在低超声速区（$Ma<1.6$），其流动的稳定余量明显大于 A/B 型嗡鸣的流动状态。此外，C 型嗡鸣的失稳负阻尼极小，比 A/B 型嗡鸣低近一个量级，因此，工程实践中施加阻尼器可以有效消除 C 型嗡鸣，而 A/B 型嗡鸣则不容易消除。

第6章 跨声速抖振及相关气动弹性问题

　　与稳定流场下的颤振问题不同，响应问题是指弹性结构在非定常气动载荷作用下的动力响应，典型的代表是跨声速抖振。跨声速抖振是指飞行器结构在流体中由不稳定分离流的激励所引起的强迫振动。这种强迫振动不仅会引起飞行器结构的疲劳破坏，还会影响机载仪表设备的正常工作和飞行控制系统的正常使用。

　　在经典的气动弹性视角下，跨声速抖振是强迫响应问题，气动弹性反馈效应较弱，不必像颤振问题那样进行耦合分析。工业界将跨声速抖振问题分解为刚性结构的气动载荷分析和气动载荷作用下的弹性结构响应分析两个步骤。这一思路极大简化了抖振问题的分析难度，这是因为，无论是在实验环境中还是在计算环境中，耦合研究的成本和难度都要比解耦方法高得多。并且在该分析框架下，对抖振载荷的预测是核心。由于这种不稳定流动本身与结构是否运动无关，所以，跨声速抖振往往被当作纯粹的流体力学问题来对待。在流体力学视角下，跨声速抖振（流动）是一种在特定的来流马赫数和迎角组合下出现的激波的大幅自激振荡现象，也经常被称为激波抖振。

　　实际上，真实的飞机结构必然是弹性的，脉动的载荷有可能引起结构较大的变形或振动。同时，从第5章的研究中可知，跨声速气动弹性问题的复杂性本身就与跨声速流动的稳定性密切相关。因此，按照经典气动弹性理论划分的稳定流场中的颤振问题和失稳流动激励的结构抖振问题，在工程实践中可能并没有严格的界限，跨声速抖振中可能也存在结构失稳导致的大幅振动现象。这也许是跨声速抖振中结构"锁频"现象机理不清的原因。本章拟通过 CFD/CSD 时域仿真及构建的统一气动弹性分析模型，开展与跨声速抖振相关的复杂跨声速气动弹性现象参数分析和机理研究，研究对象包括颤振和抖振的博弈、抖振始发边界降低和结构锁频现象等。

6.1　抖振与颤振的博弈及其机理研究

在气动弹性数值研究中，为了追求更低的计算成本，非定常气动力模型的要求通常是根据气动弹性研究对象的性质来确定的。因此，不同的气动弹性问题需要不同层次和精度的气动力求解方法。例如，对于亚、超声速经典颤振问题，势流方法就能够给出很高的精度；对于跨声速颤振问题，就需要流场求解程序至少能够准确模拟激波及其运动甚至激波运动带来的周期性流动分离；而对于跨声速抖振问题，不仅需要准确模拟流动的空间结构，还需要能够精确捕捉流动的临界稳定性特征及不稳定流动的响应特征，这对流动求解的网格质量、空间耗散、时间格式及湍流模式等都提出了很高的精度要求，对时间步长和网格密度也有一定的影响。这就导致了这些条件很难在一个计算模型中得到满足。

而实际上，当我们细致地考虑颤振边界之上的结构大幅振动时，瞬时迎角会大于抖振起始迎角，从而在部分运动周期内又出现抖振问题，进而出现颤振和抖振的伴生现象[55]。也就是说，虽然颤振研究中的初始流动状态是稳定的，但是颤振有可能创造了抖振发生的条件，而抖振发生之后流动本身的非定常气动力将会对颤振模式造成什么样的影响，这一现象还没有得到深入的研究。

6.1.1　研究状态选取

本节选用 BACT 模型[93]，该模型是以 NACA0012 翼型生成的矩形翼段，在结构上将其近似成一个经典的二维两自由度颤振算例，如图 4-2 所示，具体参数见表 6-1。该模型在马赫数为 0.3～0.82 范围内，提供了丰富的实验状态参数和颤振临界状态参数。图 4-14 给出了计算结果和实验值的对比，发现两者吻合较好。进一步地，针对 $Ma=0.71$，$Re=1.32 \times 10^{6}$，$\mu = 3366$ 状态，比较了亚临界、临界和超临界速度下的时域响应，临界颤振无量纲速度约为 $V_{\mathrm{f}}^{*} = 0.583$，颤振频率 $\omega_{\mathrm{f}} / \omega_{\alpha} = 0.73$，与文献的实验值吻合较好，如图 6-1 所示。图 6-2 给出了临界状态下位移响应的功率谱分析结果，其颤振频率折合成无量纲频率为 0.025。

表 6-1　二维两自由度颤振算例结构参数

$a=0$	$a_{\mathrm{f}} = 0.5$	$r_{\alpha}^{2} = 1.036$
$x_{\alpha} = 0.0035$	$\alpha = 0$	$\omega_{\mathrm{h}} / \omega_{\alpha} = 0.6539$

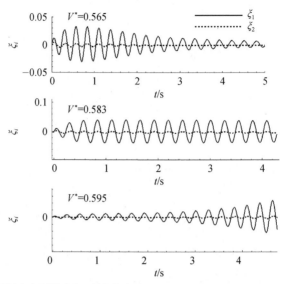

图 6-1　不同速度下的颤振时域响应（Ma=0.71，Re=1.32×10^6，$\mu=3366$）

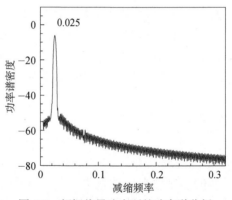

图 6-2　颤振临界速度下的功率谱分析

对这种颤振与抖振伴生的复杂现象的研究，首先要求初始流动状态是稳定的，而结构参数设定在颤振边界之上，其他参数按照文献中的参数给定。则相关参数设定如下：

初始流动状态：Ma=0.7，Re=3×10^6，$\alpha_0=0°$。

结构状态参数：$\mu=3366$，$V_\mathrm{f}=0.65$（高于临界颤振速度$V_\mathrm{f}^*=0.583$）。

需要特别注意的是无量纲时间步长的确定，根据对抖振仿真时间步长的收敛性研究发现，抖振对时间步长要求较高，dt>1×10^{-3}s 则仿真精度变差，而颤振对时间步长要求相对宽松。综合考虑，本章研究中的时间步长取为 dt=1×10^{-3}s。

6.1.2 颤/抖振伴生与博弈现象

图 6-3 和图 6-4 分别给出了无因次速度 $V_f = 0.65$ 下位移以及力系数响应曲线。由于该速度高于颤振临界速度,该结构在初始阶段呈指数发散。但当振幅达到一定幅值之后,CFD/CSD 耦合求解的响应并不像常见的非线性颤振那样趋于极限环,而是先发散后衰减,又发散又衰减的节状响应。这种节状响应起初会让研究者联想到结构振动中的"拍"现象。

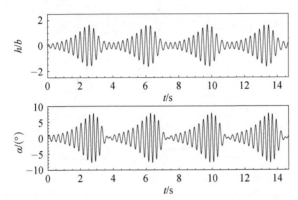

图 6-3 状态 Ma=0.7, Re=3×10^6, $\mu = 3366$, $V_f = 0.65$ 下的位移响应

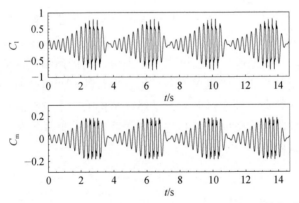

图 6-4 状态 Ma=0.7, Re=3×10^6, $\mu = 3366$, $V_f = 0.65$ 下的力系数响应

气动弹性研究中,当结构在亚临界状态下,由于耦合模态的频率接近,阻尼为正且都较小时,会出现"葫芦"状的衰减响应,这种现象并非由非线性造成的,而完全是由线性特征所主导。当速度大于颤振临界速度时,机翼结构通常是耦合分支的某一分支失稳,并主导整个结构响应发散,系统的响应不会出现"拍"现象。在气动弹性系统中,只有当两个耦合模态的频率接近,阻尼也非常接近时,才会出现"拍"现象,而这种现象在单一结构的机翼气动弹性问题中很难出现,在叶轮机叶

片颤振中才会出现。对该机翼而言，由于此时的速度大于颤振临界速度，故可以排除图中响应是由拍的因素造成的。

从图 6-4 的升力系数和力矩系数响应可以看出，升力和力矩也呈现节状响应，但当其达到一定幅值之后，响应包含明显的高频脉动。图 6-5 给出了升力和力矩响应的功率谱密度，图中可见，响应的频率主峰不仅包含颤振模态减缩频率 0.026，还包括一些高频成分，高频成分中减缩频率 0.19 的峰值最大。

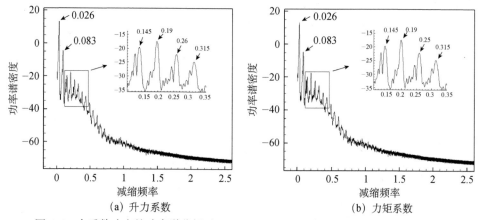

（a）升力系数　　　　　　　　　　（b）力矩系数

图 6-5　力系数响应的功率谱分析（$Ma=0.7$，$Re=3\times10^6$，$\mu=3366$，$V_f=0.65$）

为了分析高频脉动产生的原因，图 6-6 同时给出了翼型瞬时迎角和升力系数响应。NACA0012 翼型抖振研究表明，当 $Ma=0.7$ 时，抖振边界的起始迎角在 4.8°附近。图 6-6 显示，当翼型颤振发生过程中，当瞬时俯仰角超过 4.8°时，升力系数也出现高频脉动。也就是说，该机翼颤振发生后导致的俯仰角增加，在到达一定幅值时，诱发了跨声速抖振，高频抖振载荷虽然在结构响应上没有清晰表现，但是却影响了结构的稳定性。翼型瞬时迎角超越 4.8°之后，结构振动发散的趋势明显被逆转了，很快进入衰减状态。

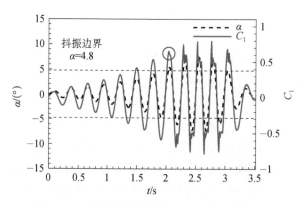

图 6-6　一个拍周期的迎角响应和升力系数响应

6.1.3　博弈机理分析

为了进一步分析跨声速颤振和抖振是如何博弈的，图 6-7 将一个节状响应中的沉浮位移和俯仰位移按照同一个尺度进行对比显示。并以沉浮模态运动为基准标识了一系列运动周期的起始点。结果显示，在前 6 个周期，抖振未发生，沉浮和俯仰两个模态按近似固定的幅值比、频率和相角差而同步指数发散（第 1 个周期的轻微偏差是由初始条件效应造成的）。

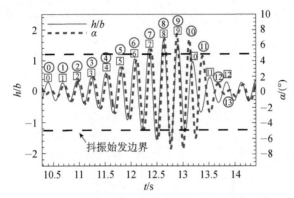

图 6-7　一个拍周期的沉浮和俯仰运动响应变化

图 6-8 给出了这一系列周期下，从响应数据中测量的沉浮和俯仰的运动周期和相角差。图 6-9 给出了抖振发生前后，沉浮和俯仰响应的功率谱变化结果。当响应进入第 7 个周期后，在抖振脉动载荷的作用下，原有的颤振模态被破坏了。首先表现为两个自由度的运动频率从颤振频率附近向各种的固有频率靠近，即俯仰模态的周期减小（图 6-9（a）），沉浮模态的周期提高（图 6-9（b）），并导致一个节状响应中，俯仰运动的周期数比沉浮运动多出一个。由于各种的运动频率改变了，故而两个模态间的相角差也就不再是固定的，当进入第 7 个周期后，两个模态位移间的相角差不再固定在 40° 左右，而是迅速降低，到达第 11 个周期时，相角差达到 −165.4°，与颤振模态的相角差近乎反向，彻底破坏了结构颤振时从气流中吸收能量的运动模式。

图 6-10 给出了每个时刻气流对结构的做功情况，图 6-11 给出了结构机械能随时间的变化。若一个运动周期内，气流所做功的积分值大于 0，则表示气流对结构做正功，颤振发生，否则相反。图 6-10 显示，当抖振发生后，气流对结构的做功情况发生了本质变化，由抖振发生前的做正功变为抖振发生后的做负功。这说明抖振的出现使得结构由从气流中吸收能量变为气流吸收结构的振动能量，从而也改变了结构的发散趋势。

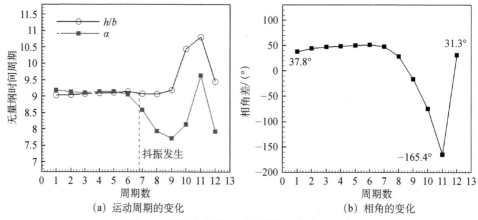

(a) 运动周期的变化　　　　　　　　(b) 相角的变化

图 6-8　沉浮和俯仰运动的周期和相角差变化

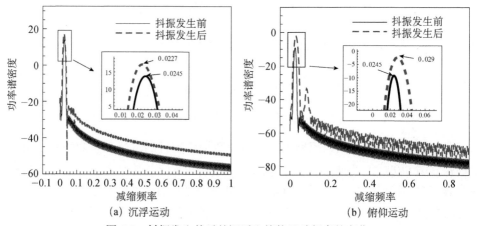

(a) 沉浮运动　　　　　　　　　　(b) 俯仰运动

图 6-9　抖振发生前后的沉浮和俯仰运动频率的变化

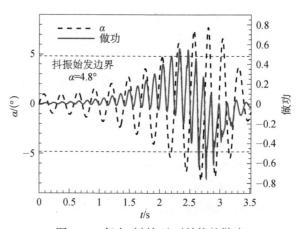

图 6-10　每个时刻气流对结构的做功

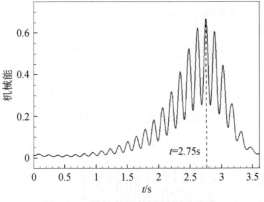

图 6-11　结构机械能随时间的变化

上述研究表明，抖振的出现破坏了结构的颤振模式，使得发散的响应变为衰减，结构振幅减小后，当瞬时迎角小于抖振起始迎角时，抖振退出。在气流的作用下，结构将重新调整各自由度之间的运动关系，由于流速高于颤振速度，结构振动又将回归发散状态。如此往复，出现了跨声速颤振和抖振的博弈，从而使得结构的响应表现为节状振荡[55]。

6.2　弹性特征对跨声速抖振始发边界的影响

本书针对 NACA0012 翼型，在亚临界抖振流动状态下研究了弹性特征对耦合系统动力学特性的影响，研究发现，释放结构俯仰自由度后，亚临界稳定的气动模态和结构模态耦合导致结构分支失稳，即发生跨声速嗡鸣。这启发我们思考：在亚临界抖振状态下刚度释放是否会诱导气动模态提前失稳，即考虑结构弹性特征后，抖振是否会在更低的迎角下发生？从动力学响应特性来看，抖振型失稳又和 6.1 节中的单自由度颤振存在哪些差异？

上述问题的研究对真实弹性机翼的跨声速抖振始发边界预测及载荷特性研究具有重要的意义。因此，本节仍然以跨声速流动中弹性俯仰支撑的 NACA0012 翼型为例，基于降阶模型，开展弹性特征对跨声速抖振始发边界影响的研究，并通过 CFD/CSD 数值模拟验证相关结果的正确性。在后续的研究中事先排除了结构静变形的影响，因此流动稳定性的改变并不是由静变形引起的。研究模型如图 5-19 所示，来流迎角小于静止翼型的抖振始发迎角，结构固有频率 k_α 和质量比 μ 可调。本研究关注的重点是系统的稳定性特征，而非具体的响应幅值大小，因此，假设结构系统的阻尼为零。

6.2.1　结构参数影响研究

数值仿真结果表明，刚性静止 NACA0012 翼型在 Ma=0.7 下的抖振始发迎角约为 4.8°，该状态下的升力系数幅值约为 0.055（升力系数波动范围为 0.54～0.65），无量纲抖振频率为 k_b=0.182，如图 6-12 所示。降阶模型预测的抖振始发迎角为 4.7°，风洞实验的始发迎角为 4.74°，结果吻合较好。

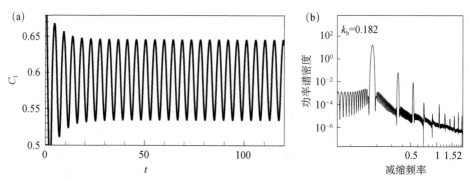

图 6-12　刚性静止 NACA0012 翼型的升力系数响应及功率谱分析（Ma=0.7，$\alpha=4.8°$，Re=3×10⁶）

对于刚性翼型，当来流迎角低于抖振始发迎角（ $\alpha < 4.8°$ ）时，流动是完全稳定的。但是由 5.2 节研究可知，当释放结构刚度之后，系统在流固耦合作用下会发生失稳。本书首先在 $\mu = 100$ 时研究结构频率对失稳区域和失稳特性的影响，其中来流状态为 Ma=0.7，$\alpha = 4.5°$ 的亚临界状态。图 6-13 给出了基于降阶模型分析得到的耦合系统的特征值的实部和虚部随结构频率的变化，发现系统特征值可分为 1 和 2 两分支，并且随着结构频率的变化，两分支的模态属性发生变化，分支 1 在 $k_\alpha = 0.182$ 时由气动模态变为结构模态。因此，耦合系统存在两种失稳模式，即Ⅰ模式和Ⅱ模式。从图中可以看出，Ⅰ模式表现为结构分支失稳颤振（图 6-13（a）），并且系统响应频率锁定于结构固有频率（图 6-13（b）），该失稳模式的诱发机理和参数特性在 6.1 节中进行了较详细的研究。

Ⅱ模式中表现为气动模态失稳，并且从图 6-13（b）可以看出，系统响应频率近似等于流动特征频率。因此，该模式下系统的失稳与Ⅰ模式有本质的不同，不再是结构的单自由度颤振，而应该是抖振，即释放结构自由度之后，由于流固耦合作用的影响，造成跨声速抖振在更低的迎角下发生。图 6-14 给出了Ⅰ和Ⅱ两种模式中两个典型状态（Ⅰ模式中的 $k_\alpha = 0.17$ 和Ⅱ模式中的 $k_\alpha = 0.13$ ）的时间响应和功率谱分析结果，可以看出Ⅱ失稳模式中的 $k_\alpha = 0.13$ 的响应幅值远小于Ⅰ模式（ $k_\alpha = 0.17$ ）下的单自由度颤振幅值，其升力系数幅值与图 6-12 中的静止翼型的抖振幅值相当，并且响应频率也等于抖振频率。作为对比，图 6-14 还给出了 α=4.8°

下，$k_\alpha = 0.13$ 的响应，其与 4.5° 迎角下的响应幅值和频率几乎一致。

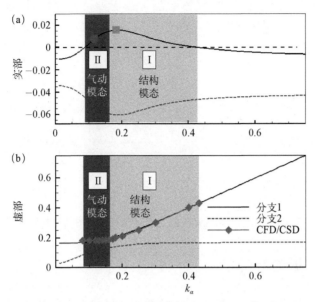

图 6-13　耦合系统特征值实部和虚部随结构频率的关系

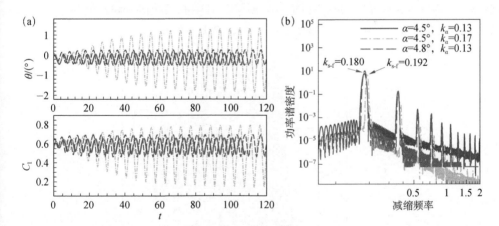

图 6-14　不同状态下系统俯仰角度和升力系数响应历程及功率谱分析（彩图请扫封底二维码）

进一步地，图 6-15 给出了上述响应的迟滞环比较，状态 $\alpha = 4.8°$，$k_\alpha = 0.13$ 和状态 $\alpha = 4.5°$，$k_\alpha = 0.13$ 具有类似的迟滞环，而 $\alpha = 4.5°$，$k_\alpha = 0.17$ 状态则具有完全不同的迟滞环。这进一步说明，Ⅱ 模式下的失稳与 Ⅰ 模式下的结构颤振具有本质的区别，而与抖振载荷下强迫响应一致，即是抖振提前诱发导致的强迫响应。

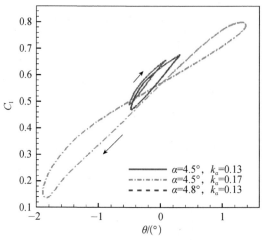

图 6-15　不同状态下系统响应的迟滞环比较（彩图请扫封底二维码）

6.2.2　抖振边界降低

进一步地，本书在 $Ma=0.7$，$\alpha=4.5°$ 的亚临界状态下研究了不同质量比和结构频率下系统失稳模式的分布，如图 6-16 所示。其中的系统耦合响应频率 $k_{s\text{-}f}$ 由气动弹性分析模型得到，并按 4.8° 迎角下的抖振频率无量纲化。

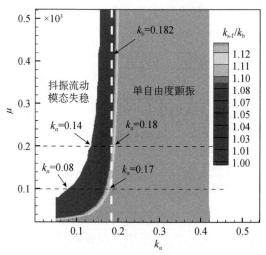

图 6-16　不同结构参数下系统发生抖振和颤振的区域比较（彩图请扫封底二维码）

当 $k_{s\text{-}f}/k_b \sim 1.0$ 时表明系统发生 Ⅱ 模式的抖振失稳，即图 6-16 中的深色区域。因此，可以看出系统始终会发生 Ⅱ 模式的抖振失稳，并且当质量比大于 200 以后，失稳范围为[0.14，0.18]并且几乎保持不变；而当质量比较小时（$\mu < 200$），抖振

区域受质量比影响较大,抖振失稳区域明显大于大质量比情形,且其受质量比影响较大,比如,$\mu=100$ 时的抖振失稳区域为[0.08, 0.17]。图 6-17 给出了不同亚临界攻角下系统发生抖振型失稳和颤振型失稳的区域,可以看出,来流迎角越接近刚性机翼的抖振始发边界,能够诱发抖振型失稳的区域越大,并且质量比对抖振型失稳区域影响较大。$0.7Ma$ 下弹性机翼能够诱导发生抖振的最小迎角为 4.1°,较刚性翼型降低了 0.7°。因此,释放刚度将会降低翼型的跨声速抖振始发边界[154]。

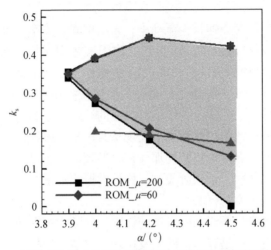

图 6-17 不同亚临界攻角下系统能够诱发抖振和颤振的区域比较

与亚声速中的单自由度颤振对比发现,弹性支撑翼型在亚临界抖振流动中会出现两种模式的失稳,即结构分支失稳引起的跨声速单自由度颤振和流动分支失稳引起的跨声速抖振边界降低现象。两种模式的失稳特性存在本质区别,抖振型失稳的响应频率近似等于刚性翼型的抖振流动频率,因此结构响应表现为抖振载荷下的强迫运动,振荡幅值较小;而颤振型失稳的响应频率锁定于结构固有频率,振荡幅值较大。两种失稳模式下的迟滞环也存在本质差异。

上述研究过程已经排除了静态平衡气动力对系统稳定性分析的影响,因此抖振边界的降低并不是由静气弹变形引起的。而实际机翼必然是弹性的,并且质量比通常在 200 以下,因此,当前工程界对跨声速抖振研究采用的两步法并不能准确预测实际机翼的抖振始发边界及其在跨声速抖振边界附近真实的动力学特性。本研究表明,弹性特征在目前工程界对跨声速抖振的研究中需要重点考虑,对不同失稳模式及其失稳特性的研究,对指导目前跨声速抖振研究及其控制具有较大的理论价值。

通过基于 ROM 的气动弹性降阶模型和 CFD/CSD 数值仿真,本书开展了释放俯仰刚度后对 NACA0012 翼型跨声速抖振始发边界的影响研究,发现释放结构刚度之后,耦合系统会在更低的迎角下诱导发生流动分支失稳,抖振始发迎角降低 0.7°左右。质量比对诱导的抖振边界有显著影响,质量比越大,降低的抖振边界相对较小，而当质量比小于 200 时，抖振边界降低范围明显增大。这种抖振型失稳模式下，结构响应频率和载荷都接近刚性翼型下的抖振结果，而与结构模态失稳导致的跨声速单自由度颤振具有明显区别。

6.3　跨声速抖振锁频及诱发机理

前人研究发现，在跨声速抖振流动中，当结构固有频率与抖振频率接近时，结构响应频率不再跟随抖振频率，而是与结构固有频率保持一致，即发生"锁频"（lock-in）现象，并且锁频振动时机翼的振幅很大，常会造成机翼结构破坏。针对锁频现象，Raveh 等[57, 77, 78]开展了一系列的数值模拟研究，Hartmann 等[56]通过风洞实验研究了锁频特性。受限于传统的对抖振的认识，他们均认为跨声速抖振中的锁频是由非线性共振导致的。然而本书发现从共振角度解释存在很大的局限性：首先，锁频区域并非像共振理论预测的那样在抖振频率两边对称分布，而是往往偏向于频率较高的一侧；其次，锁频阶段的结构最大振幅不是在频率共振点处获得，这些现象都很难从共振角度进行解释。

弹性机翼在跨声速抖振流动中出现的锁频且伴随大幅振荡的现象，究竟是不稳定流动下的强迫响应，还是有其他的诱发机理？本节通过降阶模型，运用特征分析方法研究弹性支撑翼型在跨声速抖振流动中出现的锁频机理，并通过 CFD/CSD 时域耦合方法对研究结论进行验证。研究模型如图 5-19 所示，同样不考虑系统的结构阻尼。

6.3.1　锁频特性分析

本书首先基于 CFD/CSD 仿真方法开展锁频响应特性分析。研究的抖振来流状态为 $Ma=0.7$，$\alpha = 5.5°$，$Re=3\times10^6$，该状态在 $0.7Ma$ 下的抖振载荷强度最大，无量纲抖振频率为 $k_b=0.2$。俯仰支撑轴距前缘 0.224 倍弦长位置。

图 6-18～图 6-20 给出了 $\mu = 200$ 时不同结构频率下，系统的响应历程和功率谱分析结果。当 $k_\alpha = 0.10$（图 6-18）和 $k_\alpha = 0.60$（图 6-19）时，俯仰角的振荡幅值很小，力矩系数幅值与刚性模型的抖振幅值相当。功率谱分析表明，耦合响应频率 k_{s-f} 由抖振频率决定，即系统表现为不稳定抖振载荷下的强迫响应。而当 $k_\alpha = 0.35$ 时（图 6-20），系统耦合响应频率不再由抖振频率决定，而是等于结构频率，即发生锁频现象 $k_{s-f} = k_\alpha$。俯仰角的振荡幅值超过 8°，并且力矩系数幅值也远大于刚性模型的抖振幅值，这种大幅的振荡将造成严重的飞行事故。

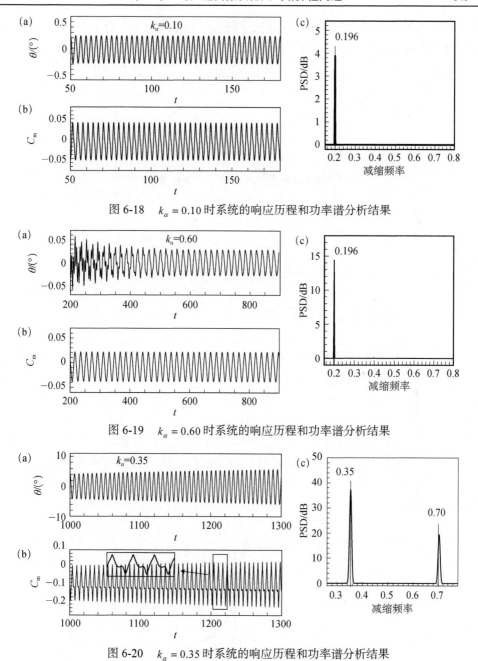

图 6-18　$k_\alpha = 0.10$ 时系统的响应历程和功率谱分析结果

图 6-19　$k_\alpha = 0.60$ 时系统的响应历程和功率谱分析结果

图 6-20　$k_\alpha = 0.35$ 时系统的响应历程和功率谱分析结果

　　进一步地，图 6-21 给出了系统耦合响应频率 $k_{\text{s-f}}$ 随结构频率 k_α 的变化关系。在大部分结构频率下，耦合响应频率都跟随抖振频率；而当 $0.21 < k_\alpha < 0.46$ 时，耦合响应频率锁定于结构频率，发生锁频现象，图中虚线即表示 $k_{\text{s-f}} = k_\alpha$。锁频范围 k_α / k_{b} 为 1.07～2.34[58]。早期的研究认为锁频是由共振引起的。然而，锁频范围并

不是按照抖振频率对称分布的，而是完全偏向较高频率一侧，这显然不能通过共振得到合理的解释。因此，跨声速抖振流动中的锁频现象真的是由共振引起的吗？

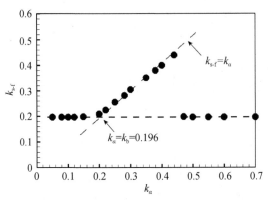

图 6-21　系统耦合响应频率随结构频率的关系

6.3.2　锁频诱发机理研究

本节将通过降阶分析模型研究锁频诱发机理。图 6-22 给出了在质量比 $\mu=200$ 时的系统特征值随结构特征频率的变化，可以发现特征值分为了两支，我们分别称之为 A 分支和 B 分支。A 分支在较低的结构固有频率时是稳定的（在左半平面）；随着结构固有频率的增大，A 分支穿越虚轴进入右半平面，穿越点处的耦合响应频率为 0.196；随着结构固有频率的进一步增大，A 分支最终接近非耦合流动主模态的特征值。而 B 分支初始是不稳定的，特征值在非耦合流动主模态特征值附近变化，随着结构固有频率的增大，B 分支穿越虚轴进入左半平面，穿越点处的耦合响应频率为 0.46。

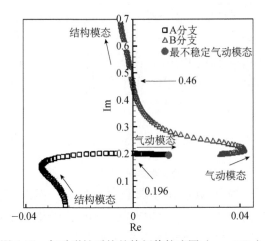

图 6-22　气动弹性系统的特征值轨迹图（ $\mu=200$ ）

　　图 6-23 给出了图 6-22 中的特征值的虚部（表征耦合系统频率特性）随结构固有频率的变化关系。从图 6-22 中可以较清晰地看出，结构固有频率较低时，A 分支的响应频率等于结构固有频率，所以此时的 A 分支是结构模态分支（记为 S mode）；类似地，B 分支的响应频率等于非耦合流动主模态的特征频率，所以此时的 B 分支是气动模态分支（记为 F mode）。而当结构固有频率足够大时，A 分支的响应频率等于非耦合流动主模态的特征频率，则此时的 A 分支是气动模态分支，B 分支是结构模态分支。

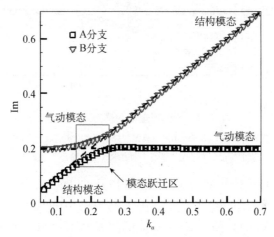

图 6-23　特征值轨迹虚部随结构固有频率的变化

　　从以上分析可以发现，两模态分支存在模态跃迁现象。模态跃迁是指特征值轨迹的虚部在系统的某一可变参数下，模态分支互相接近然后互相远离而不是交叉的现象[176, 177]。当模态跃迁发生时，两分支对应的特征模态也发生交换，并且交换的过程是连续的。Meliga 在研究弹性支撑圆柱稳定性时发现了结构模态和气动模态间的跃迁现象，即当质量比较大时，系统的流动分支失稳；而当质量比较小时，是结构分支失稳；但是中等质量比时，很难区分是哪个分支主导的失稳。
　　图 6-24 给出了图 6-23 中的频率根轨迹图中发生模态跃迁的局部放大图。可以看出，随着结构固有频率的增加，A 分支和 B 分支相互靠近；但是随着结构固有频率的进一步增加，两分支并不会交叉，而是互相排斥，并且分别进入另一分支之前的轨迹。图 6-24 中还给出了典型状态下特征向量的方向，黑色和蓝色的箭头分别代表 A 分支和 B 分支的特征向量方向。从特征向量方向来看，两分支在模态跃迁前后的特征向量也发生了互换。由于模态跃迁随着结构固有频率的变化是一个连续的过程，因此，特征向量可以用来标定模态跃迁发生的边界。常用判定准则是当特征向量的方向偏离原先的方向超过 10°时，则定义该点即为跃迁的起始或结束点。依据此准则，则可以在图 6-24 中给出模态跃迁的区域（灰色区域所示），即

$0.168 < k_\alpha < 0.232$（$0.83 < k/k_b < 1.18$）。因此，B 分支的模态转换过程如下：当 $k_\alpha < 0.168$ 时，B 分支是气动模态分支；而当 $k_\alpha > 0.232$ 时，B 分支则转换为结构模态分支。在该范围内，B 分支的模态属性由气动模态转换为结构模态，然而由于模态跃迁是一个连续的过程，所以在此范围很难区分该分支由谁主导。

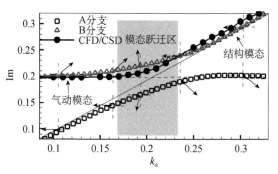

图 6-24　特征值虚部的模态跃迁过程

三角代表 A 分支，正方形代表 B 分支；虚线表示静止翼型的抖振频率，实线表示变化的结构频率；实箭头表示 B 分支的特征向量方向，虚箭头则表示 A 分支的特征向量方向

图 6-25 给出了特征值轨迹的实部和虚部以及 CFD/CSD 仿真得到的系统耦合响应频率和响应幅值随结构频率的变化。图 6-25（b）中的特征值虚部的模态跃迁规律已在前文做了较详细的讨论，与之对应的图 6-25（a）中的特征值实部（阻尼特性）也存在相同的模态跃迁过程，即当 $k_\alpha < 0.168$ 时 B 分支为气动模态；而当 $k_\alpha > 0.232$ 时 B 分支代表结构模态。从图 6-25（b）可以看出，当 $0.232 < k_\alpha < 0.460$ 时，结构模态的实部（阻尼）大于 0。由线性特征值理论可知，正的实部表示该结构分支失稳，即气动弹性理论中的颤振。颤振的上边界（穿越点 $k_\alpha = 0.460$）正好等于 CFD/CSD 耦合仿真得到的锁频的上边界。

图 6-26 给出了 CFD/CSD 耦合仿真得到的俯仰角度的对数增长率和气动弹性分析模型结果的比较，线性分析模型的增幅率即图 5-39（b）中的特征值实部（正阻尼），CFD/CSD 耦合响应的对数增长率定义为 $\varepsilon = \ln \dfrac{Am^{j+1}(\theta) - Am^j(\theta)}{Am^j(\theta)}$，其中 $Am^j(\theta)$ 是第 j 个周期的幅值。CFD/CSD 耦合响应的对数增长率与线性分析模型结果基本一致。典型状态下的响应及采样结果如图 6-27 所示。在 $k_\alpha = 0.25$ 状态下，系统 CFD/CSD 时域响应迅速达到极限环振荡，非线性特征主导系统动力学特性。因此，对于 $k_\alpha < 0.25$ 的状态，线性模型预测结果与 CFD/CSD 仿真结果存在一定偏差是合理的。因此，从图 6-25 和图 6-26 可以发现，线性分析模型得到的锁频区域的频率和阻尼特性与 CFD/CSD 耦合仿真结果吻合很好，锁频现象是由线性动力学特征决定的。

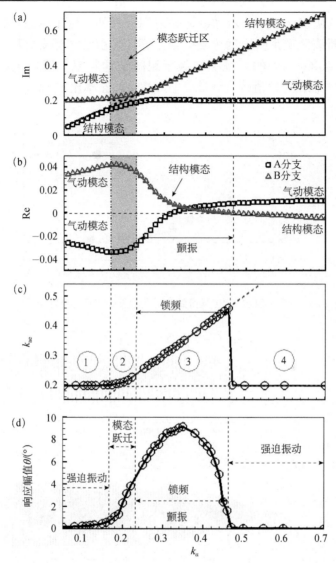

图 6-25　特征值轨迹的实部和虚部以及 CFD/CSD 仿真得到的系统耦合响应频率和响应幅值
随结构频率的变化

为了全面理解锁频现象的动力学特性，我们将结构频率划分为四个部分，如图
6-25（c）所示。划分的依据就是上文讨论的三个关键频率，即模态跃迁的下界
（ $k_\alpha^l = 0.168$ ）和上界（ $k_\alpha^m = 0.232$ ），以及颤振的上边界（ $k_\alpha^u = 0.460$ ）。在①区域
（ $k_\alpha < 0.168$ ）和④区域（ $k_\alpha > 0.460$ ）中，系统的耦合响应频率跟随抖振频率，即
$k_{s-f} = k_b$ 。这实际上是由抖振的非定常载荷引起的强迫振动，结构振荡幅值也较小
（图 6-25（d））。②区域（ $0.168 < k_\alpha < 0.232$ ）即是上文所述的模态跃迁区，系统的
响应频率既不完全跟随抖振频率也不锁定于结构频率，而与两者都存在一定的偏

差。系统响应幅值介于①区域和③区域之间。另外，由于模态跃迁过程的连续性，很难判断该区域是由流动分支失稳主导还是由结构分支失稳主导。③区域（ $0.232 < k_\alpha < 0.460$ ）中的系统响应频率跟随结构频率，即发生频率锁定现象（ $k_{\text{s-f}} = k_\alpha$ ），系统振荡幅值较大。最大响应幅值在频率比 $k_\alpha / k_\text{b} = 1.73$ 时得到，而非 $k_\alpha / k_\text{b} = 1.0$ 。

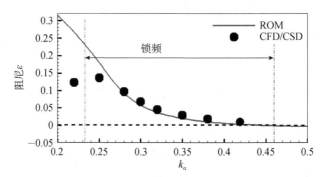

图 6-26　CFD/CSD 耦合仿真得到的对数增长率和降阶模型结果的比较

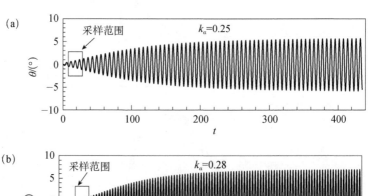

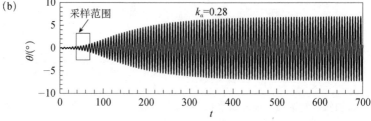

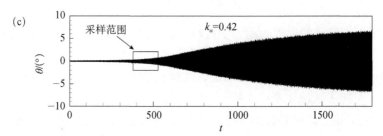

图 6-27　CFD/CSD 耦合仿真的俯仰角度的时间响应历程和计算对数增长率的采样范围

　　以上降阶模型的特征分析说明，在③区域结构模态和气动模态耦合导致结构分支失稳，并且 CFD/CSD 耦合分析显示锁频区域与结构分支失稳区域重合，这表明锁频现象是由模态耦合颤振导致的。然而，本书中的颤振并不是经典的结构模态耦合颤振，而是结构模态和气动模态间的耦合。因此，跨声速抖振流动中的锁频诱发机理是不稳定分离流中的单自由度颤振[39]。与经典的稳定流动中单自由度颤振（如嚣鸣）不同，本书的颤振发生于不稳定抖振流动中。其独特性在于存在两种失稳模态分支（不稳定流动分支和不稳定结构分支）的竞争，其响应过程经历了强迫振动到自激振动（颤振）的转变。在颤振响应下，系统的耦合频率自然应当锁定于结构固有频率。锁频的诱发也是由线性动力学特征主导的。

　　振动响应模式的转变通过 $\mu = 200$ 和 $k_\alpha = 0.3$ 状态下 CFD/CSD 耦合仿真验证。该状态下存在两个失稳模态，复杂的响应历程可以通过两种失稳模式的竞争得到合理的解释。图 6-28 给出了系统的时间响应历程和响应频率的分析结果。响应历程可以分为三个阶段。在第一个阶段（$t < 200$），系统的俯仰振荡幅值较小，响应频率跟随抖振频率（图 6-28（c））。因此，系统动力学特性由流动失稳模式主导，表

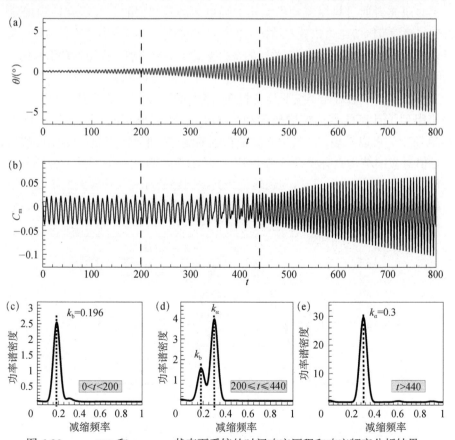

图 6-28　$\mu = 200$ 和 $k_\alpha = 0.3$ 状态下系统的时间响应历程和响应频率分析结果

现为不稳定载荷下的强迫振动。在第二个阶段（$200 < t < 440$），功率谱分析结果存在两个峰值，较低能量的为抖振频率，而较高能量的为结构频率（图 6-28（d））。这表明，随着系统响应的发展，抖振强迫响应成分逐渐变弱，而结构自激成分逐渐增多，即不稳定结构分支逐渐主导系统的动力学特性。在第三个阶段（$t > 440$），系统进入发散响应，响应频率等于结构频率（图 6-28（e））。锁频现象发生，结构失稳模式主导系统动力学特性，系统表现为自激振荡（颤振）。

当响应继续发展（$t > 800$），俯仰角度和力矩系数幅值迅速增长，并最终达到极限环振荡，图 6-20 中给出了这样的极限环振荡现象。如图 6-20 所示，力矩系数并不再表现为简谐响应，功率谱分析结果存在两个峰值，其中基频为结构固有频率（0.35），二阶频率为结构固有频率的两倍。这是由典型的流动非线性造成的。此时结构俯仰角度超过 8°，如此大幅的俯仰振荡将造成非线性流动，作用效果表现为力矩系数中的二倍频分量。然而，这种非线性主导的流动仅在结构振荡幅值足够大时才出现。在锁频的初始阶段，响应幅值较小，系统动力学由颤振主导，而极限环的最终响应形式是由激波等非线性因素导致的。

一些研究者通过抖振流动中结构的强迫运动等解耦的方式研究锁频现象[77]，所得到的锁频范围等结论依赖于结构强迫运动的幅值。这样是很难得到锁频诱发的本质机理的。因为这类研究本质上关注的是抖振的不稳定流动和强迫运动引起的非定常流动间的竞争，只要强迫运动幅值足够大，其非定常流动必然主导系统的特性。

进一步地，本书对比了按照传统抖振研究的两步法——即强迫运动方式（施加了微小阻尼）计算的结构响应幅值和 CFD/CSD 耦合分析的响应幅值的比较，如图 6-29 所示。可以发现，传统分析方法得到的响应幅值远小于耦合分析的幅值，且最大幅值对应的结构固有频率状态也不同。考虑到实际飞行器必然是弹性的这一事实，传统的研究思路——防抖问题转化为共振问题的规避存在较大的不足，不仅不能正确预估实际的振动幅值水平，更不能给出应该规避的最危险的结构频率范围。

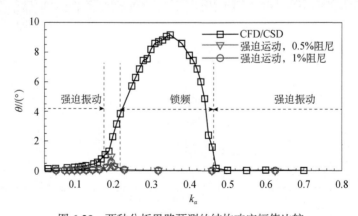

图 6-29　两种分析思路预测的结构响应幅值比较

6.3.3　质量比的影响

6.3.1 节和 6.3.2 节的研究中固定质量比 $\mu = 200$。本节将研究质量比对锁频相关动力学特性的影响。

图 6-30 和图 6-31 给出了质量比分别为 $\mu = 60$ 和 $\mu = 1000$ 时的特征值轨迹随结构频率的关系。总的来说，其分析过程与质量比 $\mu = 200$ 时类似，首先通过频率根轨迹区分两模态分支的属性和模态跃迁区的上下边界（k_α^l 和 k_α^m），然后在特征值轨迹的实部中确定颤振的上边界 k_α^u（B 分支穿越点）。对于 $\mu = 60$，$k_\alpha^l = 0.126$，$k_\alpha^m = 0.253$ 和 $k_\alpha^u = 0.460$；而对于 $\mu = 1000$，$k_\alpha^l = 0.190$，$k_\alpha^m = 0.210$ 和 $k_\alpha^u = 0.460$。

通过这三个关键临界频率，可以将响应区域分成四个部分，强迫响应区域①和④，模态跃迁区②和锁频区域③。与上节中讨论类似，区域①和④是小幅振动下的强迫响应，耦合频率跟随抖振频率。区域③中，结构分支失稳，并且失稳区域与锁频区域一致，这也进一步证明跨声速抖振中的锁频现象是由颤振引起的。另外，我们注意到颤振上边界受质量比影响很小，几乎固定在 $k_\alpha^u = 0.460$。在区域②中，模态跃迁边界受质量比影响很大，在 $\mu = 60$ 时的边界为[0.126，0.253]，而当 $\mu = 1000$ 时跃迁边界变为[0.190，0.210]。质量比越大，跃迁区域越小，并且上下边界越接近抖振频率。

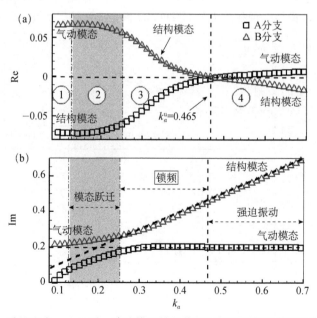

图 6-30　质量比为 $\mu = 60$ 时，降阶模型特征值的实部和虚部随结构频率的变化

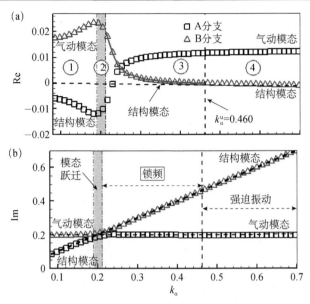

图 6-31　质量比为 $\mu = 1000$ 时，降阶模型特征值的实部和虚部随结构频率的变化

　　图 6-32 给出了质量比分别为 $\mu = 60$ 和 $\mu = 1000$ 时，CFD/CSD 耦合仿真和降阶模型分析得到的系统耦合响应频率的比较，两者吻合较好。这更进一步说明锁频是由颤振诱发的这一本质机理。然而，当质量比较小时（如 $\mu = 60$ ），模态跃迁的特性在一定程度上与非线性动力学有关。在该区域中，流固耦合效应非常强，而线性响应阶段很短暂，因此线性模型的预测结果与 CFD/CSD 耦合仿真结果存在一定的偏差。

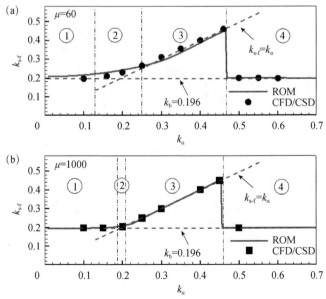

图 6-32　质量比分别为 $\mu = 60$ 和 $\mu = 1000$ 时，CFD/CSD 仿真和降阶模型分析的系统响应频率比较

　　我们进一步增大质量比至 $\mu = 5000$，其特征值轨迹如图 6-33 所示。可以发现，与低质量比下的轨迹不同，此时的特征值轨迹呈现出两簇独立的分支。一簇在最不稳定流动主模态特征值附近，并且随着参数的变化形成近似的环形，该分支是耦合的气动模态；另一簇在虚轴附近，首先在 $k=0.196$ 时由左半平面穿越到右半平面，然后在 $k=0.460$ 时又由右半平面穿越回左半平面，该分支为耦合的结构模态。图 6-34 给出了特征值的实部和虚部轨迹随结构频率的变化。从频率轨迹可以看出，两分支耦合频率分别跟随其本身的非耦合频率，在 $k=0.196$ 时，两模态分支交叉而不是排斥（跃迁）。与模态跃迁不同，在模态交叉中，两分支的特征模态并不发生交换，而是保持各自的属性。从图 6-34（a）的阻尼根轨迹可以看出，在 $0.196 < k_{\alpha} < 0.460$ 范围内结构模态的阻尼为正值，即结构分支发生失稳，而该区域也是 CFD/CSD 仿真得到的锁频区域。因此，大质量下比的锁频依然是由模态耦合颤振诱发的。

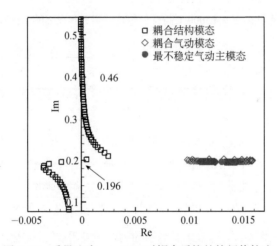

图 6-33　质量比为 $\mu = 5000$ 时耦合系统的特征值轨迹

　　综合上述分析发现，随着质量比的增加，特征值虚部根轨迹由模态跃迁转换为模态交叉，这表明存在一个临界质量比。该临界质量比与最不稳定气动特征模态的特性有关，即与马赫数、迎角和雷诺数等来流参数有关。在本研究中，该临界质量比为 $\mu = 3350$。图 6-35 给出了不同质量比下的模态跃迁区域和锁频区域，CFD/CSD 仿真结果与降阶模型分析结果吻合较好。随着质量比的增加，模态跃迁区域逐渐减小，当 $\mu = 3350$ 时，模态跃迁区域消失，锁频区域的下边界等于抖振频率。

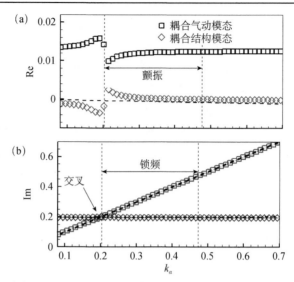

图 6-34　质量比为 $\mu = 5000$ 时特征值轨迹的实部和虚部随结构频率的变化

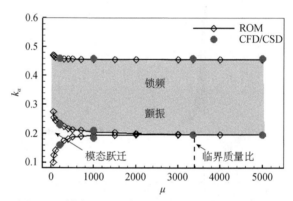

图 6-35　模态跃迁区域和锁频区域随质量比的变化

　　本节通过线性动力学模型研究弹性支撑 NACA0012 翼型在跨声速抖振流动中出现的反常动力学响应——锁频现象的诱发机理。基于降阶气动弹性分析模型，通过特征值分析研究了结构频率和质量比对锁频特性的影响，并结合 CFD/CSD 耦合仿真验证相关结果。本节的主要结论如下。

　　（1）跨声速抖振流动中的锁频并不是由气动力共振引起的，而是由线性模态耦合颤振引起的。本研究中，当频率比为 $1.07 < k_{\alpha}/k_{b} = 2.34$ 时，结构模态和气动模态耦合导致结构分支失稳是锁频的根本诱因，这合理地解释了为什么锁频区域远离共振预测点 $(k_{\alpha}/k_{b} \sim 1)$。

　　（2）与经典稳定流动中的颤振不同，本书中的颤振本质上是不稳定分离流下诱发的单自由度颤振，存在不稳定气动模态和结构模态的竞争。系统响应经历从强迫振动到自激颤振的转变。

（3）跨声速抖振流动中的锁频主要是由线性动力学特征决定的。线性气动力降阶模型可以有效地预测系统耦合频率、对数增长率和颤振边界等特性，并且相关结果与 CFD/CSD 耦合仿真结果一致。

6.4　本　章　小　结

本章基于降阶模型方法和 CFD/CSD 数值仿真对与跨声速抖振相关的复杂气动弹性问题开展研究，并进一步探究其诱发机理，具体包括跨声速抖振和颤振的博弈现象、刚度释放后跨声速抖振边界降低现象以及跨声速抖振中的锁频现象等。

跨声速颤振导致结构振荡发散，当结构的瞬时迎角大于抖振边界时，又将发生抖振，抖振载荷反过来又将影响颤振特性。这种博弈现象表现为颤振发生促使结构响应发散，当翼型的瞬时迎角大于抖振起始迎角后，翼型在部分振荡周期内发生抖振，其高频气动载荷破坏了颤振模态导致结构响应转为衰减，振幅减小，抖振退出，结构又将发生颤振。周而复始。该现象是因为抖振发生后，高频的脉动载荷破坏了结构颤振模式，尤其是耦合失稳的两个模态间的相角差发生了明显的变化，结构从向气流中吸收能量变为向气流输送能量，导致颤振临时退出。该现象为颤振的抑制提供了一种新的思路。

本章发现了流固耦合导致的跨声速抖振始发边界降低的新现象。释放结构刚度之后，抖振会提前发生，抖振始发迎角降低 0.7° 左右。这种失稳模式下，结构响应频率和载荷都接近刚性翼型下的抖振结果，而与结构模态失稳导致的跨声速单自由度颤振具有明显区别。质量比对诱导的抖振边界有显著影响，质量比越大，降低的抖振边界相对较小，而当质量比小于 200 时，抖振边界降低范围明显增大。因此，结构弹性特征是工程抖振始发边界预测中不可忽略的因素，而传统的通过刚性模型的抖振边界预测，并基于预测结果指导工程设计的思路存在较大不足。

本章揭示了跨声速抖振中锁频现象的诱发机理。结构模态和气动模态耦合导致的单自由度颤振是锁频的根本诱因。与经典稳定流动中的颤振不同，这里的颤振本质上是不稳定分离流下诱发的单自由度颤振，存在不稳定气动模态和结构模态的竞争。系统响应经历从强迫振动到自激颤振的转变。研究结论否定了传统的非线性共振解释，并且合理地解释了为什么锁频区域远离共振预测点。基于该认识，传统的航空工程中抖振分析时常采用的"两步分析法"，其局限性明显，并不能正确地估计结构振荡幅值和危险区域。

第7章 跨声速气动弹性本质及判别

7.1 跨声速气动弹性问题的本质分析

在第5章和第6章中，从若干不同的现象中去研究相关跨声速气动弹性问题的诱发机理。实际上，飞行器在真实的飞行环境下发生的结构大幅振动，由于诱发振动的因素较多，实验状态较少，每个状态采集的信息量有限，干扰也很多，况且上述几个现象的诱发机理还存在很强的相关性，所以设计者很难从有限的信息中清晰分析出根本的故障原因。

通过上述研究算例以及本书作者多年的研究体会，针对跨声速气动弹性问题的本质可以总结出以下一些结论。

（1）跨声速气动弹性故障大多是由流固耦合稳定性问题所引起的，其中主要原因是流固耦合导致的结构模态失稳。

这些故障既包括稳定流动中经典的模态耦合型颤振和单自由度颤振，也包括跨声速抖振状态的结构振动锁频问题。由于诱导这些故障的本质是结构模态失稳问题，与典型的脉动载荷激励的响应问题相比，结构振幅较大；与亚超声速下经典的颤振问题相比，这种气动模态参与的单自由度颤振，因为气动模态的强非线性，常最终以极限环形式表征出来。

（2）跨声速气动弹性的复杂性表面是由非线性因素诱发的，但其最直接的原因是流动稳定性的降低乃至失稳。

经典的结构模态耦合型颤振，流动起到了一个"黏合剂"的效应，气流密度（动压）是系统稳定性的关键参数。而跨声速的一些气动弹性问题中，由于流动稳定性的降低，耦合方程中增加了一个极点，气动模态成为一个耦合主角，与结构模态耦合，从而诱发单自由度颤振、抖振锁频等现象。结构模态和气动模态的无因次频率比是这类气动弹性问题触发的一个关键参数，气流密度是通过质量比轻微影响其特性的，因而不再成为一个关键稳定性参数。

（3）跨声速气动弹性特征有时会存在较大的分散度和不确定性，一方面是因为流动稳定性对很多参数敏感，另一方面是失稳模态的切换加剧了问题的复杂性。

正是由于气动模态的参与，跨声速气动弹性特性受很多因素影响的原因也就不难理解了。跨声速流动的稳定性（气动模态阻尼）对迎角、马赫数甚至雷诺数敏感，因此一些跨声速气动弹性复杂现象也自然对这些参数敏感。在实验环境中，流动稳定性受转捩位置、湍流度、雷诺数效应和洞壁/支架干扰效应的影响。在计算环境中，流动稳定性受网格密度、数值格式、湍流模型、时间步长等参数影响。因此，跨声速的一些复杂气动弹性特性存在较大的分散度和不确定性，影响因素较多。跨声速区还会出现颤振特性的突变、多模态失稳、迟滞等明显的非线性特征，常导致不同的初值状态下，结构表现出不同的运动模式。而失稳模态的切换将进一步加强问题的复杂性。

（4）分离流状态下自诱型抖振出现的结构振动频率与固有频率接近的故障分析中，应谨慎从共振角度进行解释。

当结构在高速气流中发生大幅振动，并且气流存在分离、振动频率接近固有频率时，研究者很容易用外激共振的思路理解这一过程。然而，在前述的单自由度颤振问题和抖振锁频问题中，这两种大幅振动同样伴随分离和锁频，却是由自激振动主导的。因此，飞行器的结构振动很多时候与流固耦合属性密切相关，只有在明确排除结构振动对外激力反馈时才适宜用共振进行解释，否则大部分的结构大幅振动问题都与流固耦合稳定性相关。

7.2　跨声速气动弹性故障模式判别与故障排除建议

跨声速状态下，诱发飞行器结构振动的气动弹性故障模式较多，包括模态耦合型颤振、单自由度颤振、抖振锁频以及抖振引起的结构共振等因素。搞清楚相关诱因是进行气动/结构改型，排除气动弹性故障的基础。本书作者结合近些年的研究经验，对典型的气动弹性故障现象、模式判别以及改进方案给出了几点建议，详见表 7-1。

经典的模态耦合型颤振，系统稳定性与来流动压密切相关，因此在试飞环境中受高度（密度）影响明显，结构模态频率比显著影响颤振临界速度，颤振发生后会导致结构大幅振动甚至破坏。避免频率重合以及在刚轴前加配重是经典的气动弹性防颤设计准则。

跨声速单自由度颤振和颤振型抖振（抖振锁频现象）是由气动模态和结构模态的耦合导致结构模态失稳所致，其差异在于单自由度颤振的气动模态是稳定的，而颤振型抖振的气动模态自身是不稳定的。这两种现象与飞行马赫数和迎角（垂尾对应侧滑角）密切相关，这主要是由于跨声速气动模态的稳定性受马赫数和迎角的影响很大。而气动模态特性与密度关系很小（密度仅影响雷诺数和质量比），所以这

·160· 跨声速气动弹性力学

表 7-1 跨声速状态下的典型气动弹性故障类别的定义、现象及主要特征以及改进建议

故障类别	定义	现象及主要特征	改进建议
弯扭耦合型颤振	两个或两个以上的结构模态在气流中耦合，导致至少一个模态失稳所形成的气动弹性动力学不稳定现象	系统的稳定性与动压密切相关，两个结构的湿态频率在接近颤振速度时会发生明显的靠近，失稳后系统的频响应频率稳定模态的频率	加大关键耦合模态的频率比，防止结构模态的频率靠近；刚轴前加配重
单自由度颤振	跨声速或流动分离流中，结构以单自由度模式（或以单自由度为主）发生的不稳定的运动	结构不动时气流是稳定的，结构在气流作用下失稳，运动频率通常（大质量比，频率较高时）接近结构固有频率，随着振幅的增加，趋向于破坏环运动；航空工程中常见于操纵纵面旋转运动，大迎角状态大展弦比机翼的弯曲也会发生	单自由度颤振发生在某个较大的频率范围内段，调整结构固有频率或增加阻尼是解决单自由度颤振的主要手段；通过改变气动外形，如安置动外片也可缓解单自由度颤振
颤振型抖振	常见于自诱型抖振，如跨声速大迎角颤振中，结构模态和抖动模态耦合导致结构模态进一步失稳所形成的一种单自由度颤振	系统响应频率不跟随抖振脉动载荷频率，而是锁定于结构固有频率，一定范围内调节来流速度或结构响应频率仍然锁定于固有频率	当结构固有频率介于流动抖振频率（特征频率）和反共振频率之间时，颤振型抖振会发生，颤振或降低结构固有频率的最根本途径，增加结构阻尼能够抑制结构振幅，消除流动的失稳不见得能够抑制这种振动，颤振型抖振将会过渡为典型的单自由度颤振
共振型抖振	常见于其他诱型抖振，如分离流尾迹中的尾翼诱导抖振，结构模态频率与结构共振，导致结构共振	调节来流速度或结构固有频率，会明显发现，共振点处结构振幅最大，结构响应频率一直跟随气流脉动载荷频率	改变气动外形，消除抖振源或使得尾翼远离抖振源是根本途径；改变结构固有频率，避免结构固有频率与抖翼重合也可降低抖振强度

两种故障与来流密度关系不大，因此在试飞环境中受高度的影响很小，这一点与经典模态耦合型颤振明显不同。由于气动模态很容易进入非线性，所以这两类问题通常最终表现为极限环形式。另一方面，由于跨声速气动弹性的非线性特征，初始条件会影响系统的平衡态，故进入单自由度颤振/颤振型抖振的速度常比退出的速度要高，也就是说，要在更低的表速下才能退出大幅振动现象。

当舵面的扭转频率介于流动的特征频率（共振频率）与反共振频率之间时，单自由度颤振和颤振型抖振这两种失稳现象就会发生，且失稳频率常锁定于结构固有频率。因此，从结构方面排除故障主要是通过调节结构固有频率，使之不介于上述两个流动关键频率之间。增加结构阻尼能够消除或减弱响应，而调整质量分布对故障排除没有作用。从气动角度也可排除故障，最经典的就是在舵轴前设置扰流片来排除跨声速啸鸣问题，这一措施实质上是改变了流动的稳定性和关键频率。如何从气动设计角度开展舵面跨声速的防颤防抖工作，是未来很好的研究切入点。

共振型抖振主要发生在上游尾迹诱导的尾翼抖振，是指由气流脉动载荷的频率峰值与结构固有频率接近而导致的结构共振。随着飞行速度或结构频率的调整，共振型抖振的响应频率跟随气流脉动频率，不会出现锁频现象。从气动设计角度来看，修改外形来消除抖振源，或使得尾翼远离抖振源，是解决共振型抖振的根本途径。从结构设计角度来看，改变结构固有频率，避免频率重合，可有效降低抖振强度。

从流动和结构响应的角度来看，啸鸣（单自由度颤振）、颤振型抖振（抖振导致的结构锁频）以及共振型抖振有很多共性。例如，流动存在分离、系统响应频率与结构固有频率接近甚至重合，试飞过程中，在一个设计点上（特定的流动状态和特定的结构）有时很难区分三者之间的差异性。通过改变流动状态或调整结构频率，观察响应的变化规律才容易区分它们。表 7-2 给出了上述几种气动弹性现象的差异性分析，可为试飞或风洞实验中的现象分析提供参考。

表 7-2　跨声速啸鸣、颤振型抖振及共振型抖振的差异性分析

故障类别	调节飞行速度	改变结构频率
啸鸣	退出啸鸣的速度常要比进入时的速度低；大质量比时，结构响应频率跟随其固有频率，小质量比时会存在一定偏离	一直出现频率锁定，轻微调整频率很难避出故障状态
颤振型抖振	相关现象与啸鸣相似，随着速度的变化，响应频率锁定于固有频率，振幅很大；锁频退出后，脉动载荷仍然存在，变现为结构响应，但振幅较小	一直出现频率锁定，最大振幅不出现在共振点，轻微调整频率很难避出故障状态
共振型抖振	由于流动的脉动载荷频率随飞行速度会发生变化，故结构响应的频率峰值不会锁定于固有频率；偏离固有频率后，抖振强度会明显降低	调整结构固有频率，避开共振点，可有效解决问题

7.3　本 章 小 结

　　本章针对若干跨声速复杂气动弹性现象，系统性地总结了结构模态和气动模态的耦合稳定性与复杂气动弹性现象的相关性。

　　通过上述研究发现，跨声速下的结构大幅振动多由流固耦合稳定性引起，特别是在不稳定流动中出现的结构锁频现象，需要慎重思考其与共振的相关性，对于存在明显流固耦合反馈效应的系统，这一现象多由结构模态失稳引起，本质上是一种颤振问题，其对结构的破坏和排障难度远超共振问题。另外，跨声速抖振不仅是一种流动失稳现象，从流固耦合角度看，结构的刚度释放会造成流动稳定性边界的降低，这一现象在流动失稳边界附近，当结构特征频率与流动特征频率接近时会有较明显的表现。

　　跨声速气动弹性系列研究仍有很多问题值得进一步深入。如进一步开展考虑三维效应的舵面嗡鸣特性和跨声速抖振气动模态分析；开展相关结论的风洞实验验证；从气动和结构设计角度建立跨声速气动弹性的防颤、防抖和防振设计准则。该系列研究可为航空航天领域的气动弹性分析和设计提供理论指导。

第 8 章　跨声速气动弹性控制研究

8.1　气动弹性控制研究概述

延续绪论中的分类，跨声速气动弹性控制研究的概述也主要从跨声速颤振类问题和跨声速抖振两方面展开。

在跨声速颤振控制方面，经典的结构模态耦合型颤振（如弯扭耦合颤振）的控制研究较多，研究手段包括各类主被动控制，例如，胡海岩团队采用自适应/鲁棒控制器，针对跨声速气动弹性失稳控制、突风载荷减缓等气动弹性问题开展了较详细的数值仿真和风洞实验研究[174, 176]。具体研究可以参见相关的研究和综述论文[75, 87, 213, 214]。

针对跨声速嗡鸣问题，工业界对其抑制研究的探索却从未停止。早在 20 世纪 60 年代，Lambourne[52]就提出了若干抑制嗡鸣的措施。也正是因为对诱发嗡鸣的物理机理认识不足，工业界至今没有精细化的防嗡鸣设计准则，往往仅依赖部分经验公式指导操纵面及其关联部件的设计。比如，通用的经验准则是"消除操纵系统中摇臂与拉杆的连接间隙，提高操纵系统的刚度、减少连接环节以及提高操纵面的偏转频率等"[84]。但是每种飞行器的飞行状态和所用材料都不相同，对于操纵系统刚度和偏转频率的设计，多大能够避免嗡鸣发生并没有具体的量化数据。因此，设计师们很难保证设计的操纵面在试飞环节不会发生嗡鸣。

一旦新机在试飞中发生嗡鸣问题，设计师的应对方案依然来源于经验准则，归纳起来可以分为三类。第一类是增加连接舵轴的刚度（提高操纵面的偏转频率），例如，"飞豹"飞机在第一次试飞中发现嗡鸣现象以后，就是通过增加舵轴刚度的形式加以改进[62, 215]。这也是目前嗡鸣防范的主要手段。第二类是设法增加操纵面旋转自由度的结构阻尼，如安装阻尼器等。实践表明，阻尼器对 C 型嗡鸣具有较好的抑制效果，但是对于 A 型和 B 型，往往需要较大的阻尼器系统，这会造成操纵面对舵机指令响应的"迟钝"，不利于正常的飞行控制。以上两类措施主要在于改变操纵面系统结构属性。第三类措施则试图改变操纵面的局部流动环境，如在操纵轴之前的翼面上安放绕流片、涡流发生器以及整流装置等。某些飞航式反舰导弹以及苏联"米格-23"飞机上就通过扰流片来消除或减弱嗡鸣现象;"飞豹"飞机除了增加舵轴刚度外,还进行了翼尖修形。典型的扰流片装置如图 8-1 所示,这些扰流装置往往会引起不利的分离,对设计的气动性能造成影响。总的来说,以上方案都是无奈之下的补救措施,通常需要多轮的试飞-修正迭代,往往会付出很大的结构质量代价或牺牲气动性能。

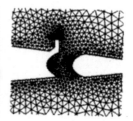

图 8-1　典型的操纵面与主翼间的扰流装置

对于与跨声速抖振相关的复杂气动弹性问题的控制,其核心在于跨声速抖振的抑制,提高跨声速抖振的失稳边界。由第 5 章的研究发现,复杂的跨声速气动弹性现象与流动的稳定性降低密切相关。因此,通过合适的控制手段提高跨声速流动的稳定性也可以有效改善对应的气动弹性系统的稳定特性。

根据 Lee 的自激反馈模型[45],翼型上表面激波和尾迹区流动在抖振作用过程中扮演了重要的角色,所以跨声速抖振控制的主要思路就是改变附面层或者尾缘的局部形状,对激波附界层作用区和尾迹区流动进行干预。对附面层作用区的控制方案大多采用被动控制方式,包括附面层凹槽、前缘涡流发生器和控制鼓包(shock control bump,SCB)。被动方式并不需要额外能量的输入,控制器是预设的,往往不能根据流动环境的变化自动更改,因此其局限性在于,在非设计状态下可能会影响其他方面的气动性能。而对尾迹区流动的控制大多为主动控制方式,包括尾缘偏转装置(trailing edge deflector,TED)、射流襟翼(fluidic vortex generator,FVG)和尾缘舵面等。主动方式需要能量的输入,是在主流中直接注入合适的扰动,进而与主流耦合以达到控制目的。主动控制进一步分为开环控制和闭环控制,开环控制的输入信号是预设的,不用考虑流动状态的变化;而闭环控制的输入信号可以根据流场信息实时调整,因此,理想的闭环控制可以实现"四两拨千斤"的效果,但是往往也需要经过复杂的控制律设计过程。

从 20 世纪 80 年代开始,就有学者尝试将附面层凹槽用于跨声速流动控制[216-219],其原理是利用激波后压力的变化,在空腔内形成后吸-前吹的附面层局部流动。相关实验研究表明,这种方案能够推迟静止激波导致的流动分离的扩展,一定程度上提升跨声速气动性能。但是,对于抖振流动,激波的晃动范围很大,固定的空腔很难形成持续有效的吹吸。涡流发生器也是经典的附面层控制装置,McCormick[218],

Caruana 等[43]和 Huang 等[108]分别通过实验和数值仿真手段研究发现，涡流发生器可以有效地减小抖振区域的脉动压力强度，并将激波的平衡位置后移，但是涡流发生器也会引起跨声速巡航阻力的增加。SCB 同样可以起到推迟抖振发生的效果，并且合适设计的鼓包还可以达到减阻的目的[220-223]。因此，近年来针对 SCB 的优化设计成为研究的热点，确定鼓包外形、位置和个数等的最佳组合，国内田云等[221, 224-226]在鼓包应用于抖振控制方面开展了系列工作。以上被动控制研究可以在一定程度上延缓或减弱附面层的大尺度分离，达到控制抖振载荷的目的，但是大部分被动控制方法都只能减缓抖振而不能完全抑制。

　　Caruana 等[227]在实验中首先通过开环控制策略研究 TED 的影响，之后，切向吹吸[228-230]、FVG[231]以及等离子体射流[232]等都被其他研究者用于抖振的开环控制，这些控制手段可以在一定程度上提升气动性能并推迟抖振发生。进一步地，Caruana 等[43]采用以压力信号为反馈的闭环控制策略，通过试凑方式得到的参数组合可以有效地减小抖振引起的非定常载荷。但是从文献所给控制效果来看，这种控制方案仅起到减缓抖振的作用，并没有完全抑制，并且采用的壁面压力在激波处存在间断，容易造成控制系统的不稳定。其实本质上 TED 可以认为是操作面的演化，所以 Doerffer 等[24]在实验中研究了 22.6%弦长舵面的开环周期性振荡对抖振流动的影响，由于实验条件所限，对相关控制参数的分析较少，给出的两个状态的控制效果一般，仅使升力系数振荡幅值减小 30%左右。

　　从上述研究综述可以发现，目前的跨声速抖振控制研究以被动控制为主，主动控制的公开报道并不多见，其中闭环控制更是"凤毛麟角"，并且其控制效果也并不理想。这主要是因为这些研究中所采用的控制律是由研究者经验确定的，往往不是最优的，甚至很难保证稳定性。克服上述问题的办法是开展基于低阶模型的控制律设计。本书第 3 章针对跨声速抖振流动构建的降阶模型为开展控制律设计奠定了基础。

8.2　跨声速嗡鸣抑制研究

　　5.3 节中嗡鸣的诱发机理研究表明，A/B 型嗡鸣的诱发条件之一是流动稳定性余量足够低，这类流动往往在抖振边界附近。基于该机理认识，可以从气动外形优化设计的角度，开展以流动稳定性提升为目标的气动优化设计，打破嗡鸣触发的流动条件，提高流固耦合的稳定性，为操纵面防嗡鸣设计提供一种全新的技术途径。

8.2.1　俯仰阻尼导数——嗡鸣触发的定量判据

　　直接通过流固耦合仿真获得操纵面的嗡鸣边界耗费很大，再在此基础上进行翼型的优化设计是一种单纯而又不切实际的想法。因此需要在流固耦合优化问题中提炼、分解出关键的单学科设计目标，再发展高效的数值方法和模型进行翼型气动外形的优化设计，实现防嗡设计。

图 5-26 给出了典型迎角下所对应的单自由度颤振（嗡鸣）失稳频率边界。根据 5.3 节我们发现，当结构模态的固有频率介于流动的共振频率和反共振频率之间时，结构从气流中吸收能量，而且我们注意到单自由度颤振发生时伴随着频率锁定于固有频率的锁频现象。因此，我们可以通过翼型在给定频率下的强迫俯仰运动的气动阻力导数来反映能量在气流和结构中的传递方向（5.2.3 节）。接下来通过数值模拟来说明俯仰气动阻尼导数可以作为嗡鸣触发的定量判据，研究算例为全动舵面的 NACA0012 翼型，状态为来流马赫数 $Ma=0.7$，来流攻角为 4.0°。

俯仰气动阻尼 $C_{m_{\dot{\alpha}}}$ 也叫俯仰阻尼导数，它可作为衡量飞行器动态稳定性的关键性判据。一般可通过强迫振荡法获得俯仰气动阻尼。

与 5.2.3 节中研究类似，假设全动舵面绕质心做俯仰单自由度小振幅强迫运动，给定如下强迫振动形式：

$$\alpha(t) = \alpha_0 + \alpha_m \sin(k_\alpha t) \tag{8-1}$$

其中，α_m 为振荡幅值。对于翼型的单自由度俯仰运动，确立运动的独立变量只有俯仰角位移 α 以及它的各阶时间导数。力矩系数 C_m 可写成

$$C_m = C_m\left(\alpha(t), \dot{\alpha}(t), \cdots\right) \tag{8-2}$$

上式泰勒展开后关系式为

$$C_m(t) = C_{m_0} + C_{m_\alpha}\Delta\alpha + C_{m_{\dot{\alpha}}}\Delta\dot{\alpha} + \cdots \tag{8-3}$$

当基准运动状态为对称定直运动且扰动幅值很小时，可以忽略高阶分量，得到

$$C_m(t) = C_{m_0} + C_{m_\alpha}\Delta\alpha + C_{m_{\dot{\alpha}}}\Delta\dot{\alpha} \tag{8-4}$$

根据式（8-1）有

$$\Delta\alpha = \alpha - \alpha_0 = \alpha_m \sin(k_\alpha t) \tag{8-5}$$

$$\Delta\dot{\alpha} = \alpha_m k \cos(k_\alpha t) \tag{8-6}$$

将上式代入式（8-4），并同乘 $\cos k_\alpha t$ 后积分，经过简单运算可以得到

$$C_{m_{\dot{\alpha}}} = \frac{1}{\pi\alpha_m}\int_{t_s}^{t_s+T} C_m(t)\cos(k_\alpha t)\,dt \tag{8-7}$$

其中，t_s 表示得到周期流动后的任意时刻；$T = 2\pi / k_\alpha$ 为强迫振荡周期。将式（8-7）离散化可以得到

$$C_{m_{\dot{\alpha}}} = \frac{1}{\pi\alpha_m}\sum_{n=1}^{N} C_m(t_n)\cos(k_\alpha t_n)\Delta t \tag{8-8}$$

当 $C_{m_{\dot{\alpha}}}$ 为正时，表明气流对结构做正功，此时流固耦合系统会发生失稳；当

C_{m_α} 为负时，说明气流对结构做负功，流固耦合系统表现为稳定。

图 8-2～图 8-4 分别给出了 Ma=0.7，$\alpha_0 = 4.0°$ 时三种结构固有频率下通过强迫振动法计算的俯仰阻尼导数与该结构频率下直接耦合数值模拟的结果对比。从中可以看出，俯仰阻尼导数的正负与耦合仿真的稳定性基本一致，俯仰阻尼导数为负（逆时针的相图），耦合系统稳定，时域响应收敛（图 8-2）；俯仰阻尼导数为正（顺时针的相图），耦合系统不稳定，时域响应发散（图 8-4）。从图中还可以看出，俯仰阻尼导数的绝对值可以进一步表征耦合系统稳定/不稳定裕量。如图 8-2 中状态 $k_\alpha = 0.50$ 时的俯仰阻尼导数明显小于图 8-3 中 $k_\alpha = 0.40$ 状态，与耦合时域响应结果的收敛性相一致。此外，$k_\alpha = 0.40$ 时的俯仰阻尼导数接近 0，时域耦合响应也近似临界状态，这进一步验证了俯仰阻尼导数可以作为嗡鸣触发的判据，并且能够在一定程度定量反映嗡鸣的强度。因此，可以将俯仰阻尼导数作为嗡鸣优化设计的目标。

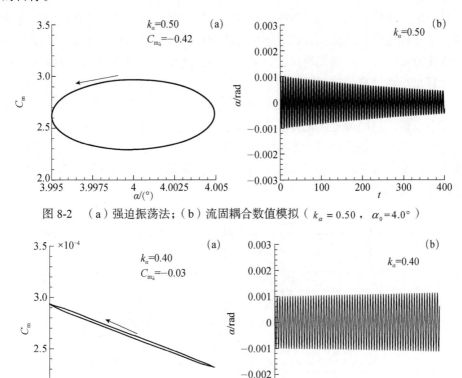

图 8-2 （a）强迫振荡法；（b）流固耦合数值模拟（$k_\alpha = 0.50$，$\alpha_0 = 4.0°$）

图 8-3 （a）强迫振荡法；（b）流固耦合数值模拟（$k_\alpha = 0.40$，$\alpha_0 = 4.0°$）

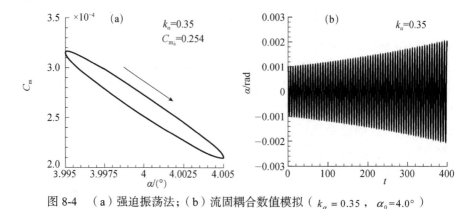

图 8-4　（a）强迫振荡法；（b）流固耦合数值模拟（ $k_\alpha = 0.35$ ， $\alpha_0 = 4.0°$ ）

8.2.2　基于代理模型的优化设计框架

对非定常优化来说，确定最核心的优化目标之后，还需要设计合适的优化设计框架。基于代理模型的优化设计方法是将代理模型技术与全局性优化算法相结合的一种优化设计方法。所谓代理模型，通常是指在优化过程中可替代原系统的仿真模型，计算量小且计算结果相近似的数学模型，也可称之为响应面模型、近似模型。那么，基于代理模型的方法即采用模型替代技术建立与 CFD/CSD 仿真等效的替代近似数学模型，进而通过优化算法调用该近似替代模型进行优化设计。基于代理模型的优化方法的一般流程如图 8-5 所示，其优化过程一般包含四个方面：①翼型参数化方法；②抽样方法；③代理模型构建；④优化算法。下面将从这四个方面分别介绍优化框架的建立。

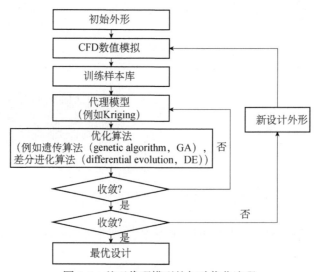

图 8-5　基于代理模型的气动优化流程

1. CST 外形参数化方法

气动外形参数化是根据气动外形特征，通过一些参数来描述外形或其变化的方法。在采用全局优化算法进行翼型气动优化时，需要选择适用的翼型参数化方法。当使用较少的翼型参数就能准确描述一个翼型时，就可以减少设计变量的个数，进而提高优化的效率。并且如果参数化方法的拟合能力足够强，我们就能在更大的设计空间内寻找最优解，这会提高算法的优化能力。因此，翼型优化设计的效率和最终结果也受所选取的翼型参数化方法优劣的影响。

CST（class-shape function transformation）外形参数化方法[233, 234]是将几何外形表示为型函数与类函数相乘的形式，能通过较少的参数准确地描述一个翼型，并具有较强的变形能力，因此常用来在气动优化设计中对研究对象的外形进行参数化。

图 8-6 给出的是上下各采用 8 个 CST 参数拟合 NACA0012 翼型的结果对比，可以看出拟合得到的外形与 NACA0012 翼型完全重合。图 8-7 给出的是翼型上表面拟合的绝对误差，由于前缘附近斜率较大，因此较难拟合。翼型上表面拟合的绝对误差最大值出现在前缘附近，仅为 1.5×10^{-4}，拟合精度满足建模需要。

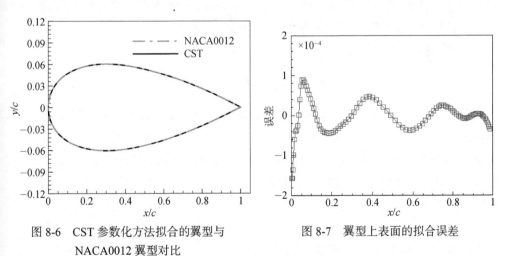

图 8-6　CST 参数化方法拟合的翼型与 　　　　　　图 8-7　翼型上表面的拟合误差
　　　　NACA0012 翼型对比

2. 抽样方法

构建代理模型之前需要选择合适的抽样方法对模型进行学习和训练。抽样方法可以分为线下一次抽样和线上自适应抽样。根据抽样方法的不同，可以通过线下一次抽样，构建一个全局的近似代理模型。也可以通过在线抽样训练的方式，建立初始代理模型并在优化过程中根据优化数据对模型进行更新。对于一次线下学习所构建的近似模型，模型的精度依赖于建模样本的合理性和代表性。因此，合适的抽样方法就显得至关重要。

常见的抽样方法有：正交实验设计、中心复合实验设计、均匀实验设计、拉丁超立方实验设计等。在实际应用中，应根据不同的问题选择适当的抽样方法，因为它对最终构建的代理模型的精度起着举足轻重的作用。对于本研究，拉丁超立方抽样方法就能获得较均匀的样本空间。设有 M 个设计变量，N 个样本。拉丁超立方取样分为 N 个区间，则设计空间分为 M^N 个子区。样本点可依据式（8-9）产生：

$$x_j^{(i)} = \frac{\pi_j^{(i)} + U_j^{(i)}}{N} \tag{8-9}$$

其中，$0 \leqslant j \leqslant M$，$0 \leqslant i \leqslant N$，这里，上标 i 表示样本序号，下标 j 表示标量序号；U 为[0，1]之间的随机数；π 为 0，1，$\cdots$，$N-1$ 的随机排列。$\pi_j^{(i)}$ 决定了 $x_j^{(i)}$ 在哪个区间，$U_j^{(i)}$ 决定在区间的哪个位置。

3. 基于 RBF 神经网络的代理模型构建

代理模型的精度对优化的效率有一定影响。径向基函数（RBF）作为代理模型中的一种，由于其数据结构简单，模型精度较高，在航空航天、汽车等工程科学领域得到了广泛的研究、发展和应用。本书采用 RBF 插值来构建高精度的代理模型，它具有拟合能力强、模型简单以及建模效率高的优点。

RBF 插值的基本形式是

$$F(r) = \sum_{i=1}^{N} \omega_i \varphi(\| r - r_i \|) \tag{8-10}$$

上式中，$F(r)$ 是插值函数，这里表示将要优化的目标；N 表示所用 RBF 的总数，即建模所需样本的个数；r_i 为第 i 号支撑点的位置，即第 i 号翼型样本的 CST 参数向量；$\| r - r_i \|$ 是位置矢量 r 到 r_i 的距离，ω_i 表示第 i 号支撑点所对应基函数的权重系数。$\varphi(\| r - r_i \|)$ 表示 RBF，它有很多的表达形式。本书采用的是高斯基函数，具体形式如下：

$$\varphi(\eta) = \exp(-\eta / (2\sigma^2)) \tag{8-11}$$

其中，σ 称为 RBF 的扩展常数。求得权重系数的方式与 2.2 节中动网格中的插值过程相同，这里不再赘述。

本书选取了 6 个 CST 参数作为设计变量，并将翼型限制为对称翼型。首先对 NACA0012 翼型进行 CST 参数化得到 6 个 CST 参数。然后在设计区间内采用拉丁超立方抽样（Latin hypercube sampling，LHS）抽取 100 个样本，用于构建 RBF 模型，并另抽取 20 样本用于模型验证。图 8-8 给出了 RBF 构建的代理模型对气动阻尼系数的建模结果，可以看出 RBF 代理模型的精度是满足后续进行翼型优化设计要求的。

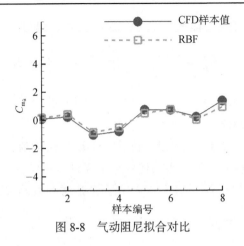

图 8-8 气动阻尼拟合对比

4. 差分进化算法

差分进化算法是一种启发式算法。与容易陷入局部最优解的梯度下降法不同，该算法是以自然选择和进化理论为基础的搜索算法，它的优化过程较为简单，并且能搜索到全局最优。与另一类启发式算法——遗传算法不同，差分进化算法是不需要对个体进行编码的，这使得它更易使用。因此本书选取差分进化算法作为图 8-5 中的全局优化算法。

优化问题一般可描述为

$$\min_{x \in R^n} f(\boldsymbol{D})$$
$$\text{s.t. } \boldsymbol{D}_{\min} \leqslant \boldsymbol{D} \leqslant \boldsymbol{D}_{\max} \tag{8-12}$$
$$g_i(\boldsymbol{D}) \leqslant 0, \ i = 1, \cdots, m_e$$

式中，f 为目标函数，对于单目标优化问题是一个标量；$\boldsymbol{D} = \begin{bmatrix} D_1 & D_2 & \cdots & D_n \end{bmatrix}^{\mathrm{T}}$ 是 n 维列向量，表示设计变量；$\boldsymbol{D}_{\min} = \begin{bmatrix} D_{1\min} & D_{2\min} & \cdots & D_{n\min} \end{bmatrix}^{\mathrm{T}}$ 为设计变量下限，$\boldsymbol{D}_{\max} = \begin{bmatrix} D_{1\max} & D_{2\max} & \cdots & D_{n\max} \end{bmatrix}^{\mathrm{T}}$ 为设计变量上限；g 为约束函数；m_e 表示约束个数。

对于上述优化问题，使用差分进化算法进行优化可按以下几个步骤进行。

（1）生成初始种群。按式（8-13）随机生成 N 个满足上下限约束的个体：

$$\boldsymbol{D}_i = \boldsymbol{D}_{\min} + \boldsymbol{R}_i(\boldsymbol{D}_{\max} - \boldsymbol{D}_{\min}) \tag{8-13}$$

式中，下标 i 代表第 i 个个体；$\boldsymbol{R}_i = \operatorname{diag}(r_1, r_2, \cdots, r_n)_i$ 是由 n 个随机数组成的对角阵；r_i 为种群中第 i 个个体对应的随机数。

（2）在种群中随机选出个体 $\boldsymbol{D}_m$ 和 $\boldsymbol{D}_n$，按式（8-14）对 $\boldsymbol{D}_i$ 进行变异（i、m 和 n 互不相等）：

$$\boldsymbol{V}_i = \boldsymbol{D}_i + c_b(\boldsymbol{D}_m - \boldsymbol{D}_n) \quad (i = 1, \cdots, N) \tag{8-14}$$

式中，c_b 为变异系数。若 $\boldsymbol{V}_i$ 不满足上下限约束，则重新进行变异操作。

（3）对个体 $\boldsymbol{D}_i$ 及变异个体 $\boldsymbol{V}_i$ 按式（8-15）进行交叉操作：

$$U_{i,j} = \begin{cases} D_{i,j}, & cr_{i,j} > c_x \\ V_{i,j}, & \text{其他} \end{cases} \quad (j = 1, n) \qquad (8\text{-}15)$$

式中，$c_x (0 < c_x < 1)$ 为交叉系数；$cr_{i,j} (0 < cr_{i,j} < 1)$ 是随机数。若 $\boldsymbol{U}_i$ 不满足上下限约束，则重新进行交叉操作。

（4）分别计算个体 $\boldsymbol{D}_i (i = 1, \cdots, N)$ 和对应的 $\boldsymbol{U}_i$ 的函数值，将其中较优的个体选出作为新一代的初始种群，如果当前代数小于预设的总代数，转（2），否则终止循环。需要注意的是，这里需要引入一个罚函数 P 对约束函数进行处理。罚函数的具体形式是 $P = M \sum_{i=1}^{m_e} \max(0, \mathrm{g}_i(\boldsymbol{D}))^2$，其中 M 一般取较大的常数，如 10^8。

8.2.3　基于外形优化的跨声速嗡鸣抑制

全动平尾是飞行器的操纵部件，主要是提供俯仰操纵的力矩，而对其升力特征并不作过高要求。本研究为了简化起见，选择翼型作为优化对象，并将 NACA0012 翼型作为其初始翼型。

我们将气动阻尼作为优化的目标。为了保证操纵效率，要求优化后的时均升力系数不能小于优化之前；并且为了保证结构刚度，要求优化后的翼型面积不小于初始面积。优化的数学模型表述如下：

$$\begin{aligned} &\min \ C_{\mathrm{m}_\alpha} \\ &\text{s.t.} \ \overline{C}_1 \geqslant \overline{C}_{l_0} \\ &\qquad \text{Area} \geqslant \text{Area}_0 \end{aligned} \qquad (8\text{-}16)$$

对于有约束的梯度优化设计，采用罚函数法处理约束，具体步骤如下所述。

（1）给定初始的设计向量 $\boldsymbol{D}_0$，其为 NACA0012 翼型对应的 CST 参数向量。

（2）令 $\boldsymbol{D}_{k-1}$ 为初始点，求解如下无约束最优化问题：

$$\min f(\boldsymbol{D}_k) = C_{\mathrm{m}_\alpha}(\boldsymbol{D}_k) + M_k P(\boldsymbol{D}_k) \qquad (8\text{-}17)$$

其中，$P(\boldsymbol{D}_k) = \max(\overline{C}_{l_0} - \overline{C}_1(\boldsymbol{D}_k), 0)^2 + \max(\text{Area}_0 - \text{Area}(\boldsymbol{D}_k), 0)^2$，获得最优点 $\boldsymbol{D}_k$。

（3）判断是否 $M_k P(\boldsymbol{D}_k) \leqslant \varepsilon$。如果是，终止优化；否则，令 $M_{k+1} = 10 M_k$ 和 $k = k + 1$，转步骤（2）。

（4）通过流固耦合降阶模型获取优化后的单自由度颤振包线。

优化设计的研究对象为做强迫俯仰运动的二维翼型，初始翼型为 NACA0012 翼型，状态为：$Ma = 0.7$，$Re = 3 \times 10^6$，$\alpha_0 = 4.0°$，$k_\alpha = 0.35$。初始的俯仰阻尼导数与时均升力系数分别为 $C_{\mathrm{m}_{\dot\alpha 0}} = 0.254$ 和 $\overline{C}_{l_0} = 0.589$。

　　图 8-9 为优化目标的收敛历史。仅通过 6 个迭代步 $C_{m_{\dot{\alpha}}}$ 由正变负，收敛到 −1.33。表明优化后流动对结构做负功，因此系统将由不稳定变为稳定。从表 8-1 可以看出，经过优化面积仅减小了 0.61%。时均升力系数提高了 3.7%，表明操纵面的操纵效率得到了提高。图 8-10 为优化前后全动舵面翼型形状的比较，可以看出翼型下表面变化很小，表明其对系统稳定性的影响较小。与 NACA0012 翼型相比，优化后翼型的最大厚度位置后移，翼型上表面的前缘部分更薄，后半部分略微变厚。

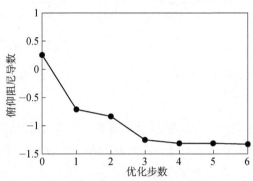

图 8-9　优化目标的收敛历程

表 8-1　优化前后结果对比

	$C_{m_{\dot{\alpha}}}$	$\overline{C}_1$	面积
初始值	0.254	0.589	0.0821
优化值	−1.33	0.611	0.0816

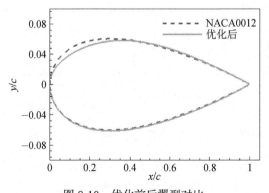

图 8-10　优化前后翼型对比

　　图 8-11 为优化后的力矩系数迟滞环。与图 8-4 相比，迟滞环由顺时针变为逆时针，表明经过优化流体对结构做负功。图 8-12 展示了通过 CFD/CSD 数值模拟计算得到的两个翼型的位移响应。经过优化角位移响应由发散变为收敛，这与强迫振

动法的结果一致。

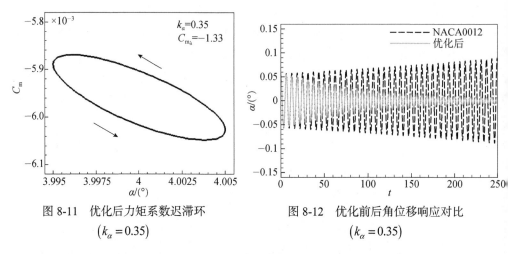

图 8-11　优化后力矩系数迟滞环　　　　　图 8-12　优化前后角位移响应对比
$\left(k_\alpha = 0.35 \right)$　　　　　　　　　　　　$\left(k_\alpha = 0.35 \right)$

图 8-13 为通过气动弹性降阶模型计算得到的优化前后结构模态根轨迹。在优化前，流固耦合系统在 $0.29 < k_\alpha < 0.40$ 区域内是不稳定的，最不稳定的点出现在 $k_\alpha \approx 0.35$。通过优化，结构分支左移，耦合系统的不稳定区域消失。最不稳定点出现在 $k_\alpha \approx 0.50$ 处，其对应的特征值实部变为负，表明在设计状态下系统稳定性显著提高，跨声速嗡鸣完全消除。

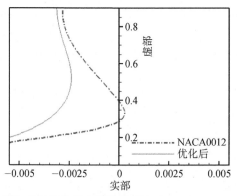

图 8-13　优化前后耦合系统结构模态根轨迹对比（$Ma=0.7$，$Re=3\times10^6$，$\alpha = 4.0°$）

图 8-14 显示了在 $Ma=0.7$ 时，由流体动力学模型得到的不同攻角下对应的气动特征模态的阻尼。根据 NACA0012 翼型的阻尼变化，气动特征模态的阻尼在 $\alpha_0 = 4.8°$ 处接近于零，表明此时流动开始失稳，这与实验中的抖振始发攻角（约 4.74°）一致。根据优化后翼型的阻尼变化，气动特征模态的阻尼在 $\alpha_0 = 5.4°$ 处接近于零，表明抖振始发攻角提升了约 0.7°。因此，通过非定常气动外形优化设计，不仅流固耦合（FSI）稳定性得到了提高，流动稳定性也明显提升。

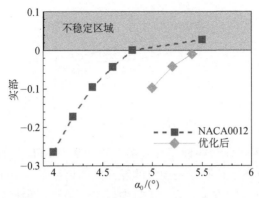

图 8-14　优化前后气动模态阻尼随迎角变化对比（Ma=0.7，Re=3×10^6）

为了验证优化后翼型的流固耦合稳定性，本书采用 CFD/CSD 数值模拟计算了不同攻角下的颤振边界。如图 8-15 所示，嗡鸣始发攻角从 3.8°增加到了 4.9°。因此，不仅在设计状态下嗡鸣得到了消除，而且系统还具有足够的稳定性裕度。

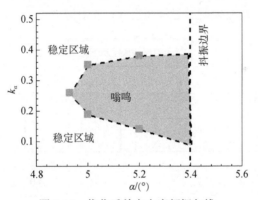

图 8-15　优化后单自由度颤振包线

8.3　跨声速抖振控制研究模型及方案

本书的研究针对 NACA0012 翼型的跨声速抖振流动，主动控制作动机构为尾缘 15%弦长的舵面，其转轴位于 85%弦长处，如图 8-16 所示。与 TED 相比，本研究的控制方式利用原有的尾缘舵面，不需要添加额外的装置，模型更简单。其中 α 为自由来流迎角，本研究中选取抖振强度最大的状态 Ma=0.7，α =5.5°，Re=3 × 10^6。β 为舵面偏转角度，由相应的控制律确定。闭环控制采用力系数反馈，力系数由压力分布积分得到，光滑性更好一些，有利于系统的稳定。

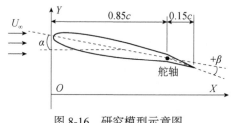

图 8-16　研究模型示意图

图 8-17 给出了本研究的四种控制方案。完全基于 CFD 数值仿真的有开环和闭环两种方案，开环方案中控制律是预设的舵面的简谐振荡，而闭环方案中的控制律由经验给定，这两种控制方案将在 8.4 节中讨论。另外两种控制方案将 ROM 方法和 CFD 仿真结合使用，ROM 方法用于控制律设计，CFD 仿真用于控制律验证。其中闭环控制方案中分别通过极点配置和线性二次型调节器（linear quadratic regulator，LQR）方法开展独立的控制律设计，具体将在 8.5 节中介绍。被动反馈控制是一种新的控制策略，释放结构自由度之后，利用系统自身的流固耦合反馈实现抖振流动的控制，研究模型及过程将在 8.6 节中讨论。

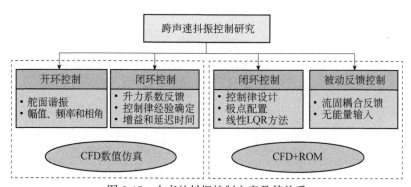

图 8-17　本书的抖振控制方案及其关系

8.4　基于 CFD 仿真的主动控制

8.4.1　开环控制

我们首先讨论开环控制方案，即舵面的运动规律是事先给定的，无须反馈。开环控制的框图如图 8-18 所示，控制律为

$$\beta(t) = A\sin(\omega_{\text{flap}}t + \varphi) = A\sin(\eta\omega_{\text{flow}}t + \varphi) \qquad (8\text{-}18)$$

其中，A 是舵面振荡的幅值；ω_{flap} 是舵面振荡的圆频率；ω_{flow} 是静止翼型在上述状态下的抖振频率，为一定值；通过 η 改变舵偏频率与抖振频率的关系；t 是无量纲

时间；φ 是相角差。接下来，分别讨论相关参数对控制效果的影响。

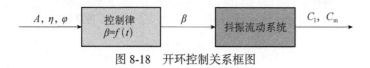

图 8-18　开环控制关系框图

1. 舵面振荡幅值和频率的影响

我们首先研究舵面简谐振荡的幅值和频率对抖振特性的影响，即令 $\varphi = 0$ 固定不变，A 和 η 均可变。一般来说，当舵面振荡幅值较大或频率比接近 1（$\eta \sim 1$）时，振荡舵面对抖振流动的非定常特性影响较大。然而，太大的振荡幅值（如 $A > 5°$）常引起气动力非期望的振荡。因此，本研究以两个典型的中等幅值为例，即 $A = 2.0°$ 和 $A = 3.5°$。另外，我们考虑的频率比范围为 $\eta = 0.2 \sim 5.0$，并在 $\eta \sim 1$ 附近加密。图 8-19 给出了舵面振荡幅值分别为 2° 和 3.5° 时的力系数响应幅值随振荡频率的关系。可以看出两条曲线的规律基本一致，在大部分频率范围内，升力系数响应幅值均大于静止翼型的抖振幅值。在 $\omega_{\text{flap}} = \omega_{\text{flow}}$ 附近时发生明显的共振效应，升力系数响应幅值远大于静止翼型的抖振幅值，并且舵面振荡幅值越大，共振效应越明显，如图 8-19 中的 R 区域所示。类似地，我们定义 E 区域表示有效控制区域，即当 $\eta = 1.4 \sim 1.8$ 时，升力系数响应幅值低于静止翼型的抖振幅值。图 8-20 给出了上述参数下升力系数响应的频率分析结果，其中 "○" 表示响应的主峰频率，"△" 表示响应的次峰频率。对于较小的舵面振荡幅值（$A = 2°$），主峰频率主要跟随抖振频率，而对于大振荡幅值情形（$A = 3.5°$），主峰频率主要跟随舵面振荡频率。这是因为，对于舵面的小振幅振荡，其对流场的影响较弱，流动仍以抖振响应为主；而对于大振幅情形，舵面的影响占主导，甚至已经完全掩盖抖振本身的流动特性，所以响应频率跟随舵面振荡频率。

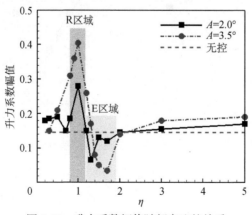

图 8-19　升力系数幅值随频率比的关系

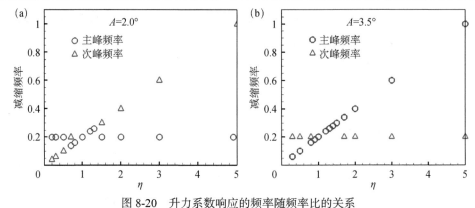

图 8-20　升力系数响应的频率随频率比的关系

2. 相位的影响

接下来在 $A = 2°$，$\omega_{flap} = 1.6\omega_{flow}$ 参数组合下研究相角的影响。图 8-21 给出了该状态下升力系数幅值随相角的变化关系，图 8-22 给出了响应的频率分布结果，其中相角研究间隔为 30°，在 290° 附近适当加密。可以发现，升力系数幅值在 90° 和 290° 相角附近时较小，尤其是 290° 相角附近的幅值明显低于静止翼型的抖振幅值。另外从图 8-22 中的频率分布可看出，290° 相角附近的响应为单频响应，等于舵面的振荡频率；而在其他相角下，升力系数响应表现为两个频率，且主频是抖振频率。因此，该开环控制的最优相角在 290° 得到[235]。

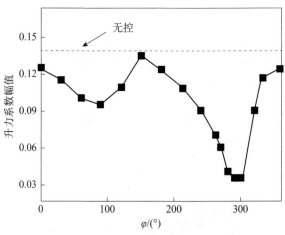

图 8-21　升力系数幅值随相角的变化关系

图 8-23 给出了 $A = 2°$，$\eta = 1.6$ 和 $\varphi = 290°$ 状态下的升力系数响应及功率谱分析结果。在该控制参数组合下，本书的开环控制系统可以有效地控制抖振的非定常载荷，将升力系数幅值减小 70% 以上（从 0.130 降到 0.035），同时响应频率由抖振频率转换到舵面的谐振频率。这说明，在合适的控制参数组合下，该开环控制系统

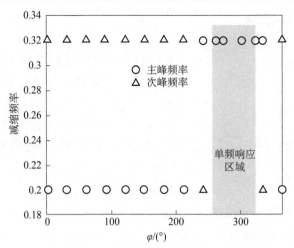

图 8-22　升力系数响应频率随相角的关系

能够有效地减小跨声速抖振的非定常周期性载荷。但是，由于振荡舵面会对流场造成持续的影响，所以很难完全抑制非定常载荷（$t > 950$ 之后的脉动升力系数就是由舵面的持续振荡引起的）。

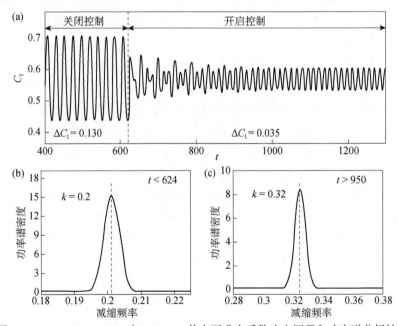

图 8-23　$A = 2°$，$\eta = 1.6$ 和 $\varphi = 290°$ 状态下升力系数响应历程和功率谱分析结果

8.4.2　闭环控制

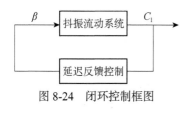

图 8-24　闭环控制框图

接下来研究闭环反馈下的振荡舵面对跨声速抖振的抑制作用，闭环控制示意图如图 8-24 所示。根据开环控制经验，相位差在抖振控制中扮演了重要的作用，因此，在闭环控制律的确定过程中，通过引入延迟时间来实现相位差的改变[236]。延迟反馈控制律为

$$\beta = \lambda[C_1(t-\Delta t) - C_{10}] \tag{8-19}$$

其中，β 是舵偏角度；λ 是增益；Δt 是延迟时间；C_1 是当前时刻的升力系数响应；C_{10} 是平衡升力系数。

1. 平衡升力系数的影响

跨声速抖振控制的最佳效果就是使自激振荡的激波变得静止，不稳定的流场最终趋于一个定常的状态，并且不改变流动的来流条件和翼型形状，而一旦反馈控制停止，流场又将恢复到之前的不稳定状态。因此，该定常状态在数学上严格满足边界条件和控制方程，即不稳定的定常解。而文献研究表明，闭环控制正是获得不稳定定常流动的主要途径之一。

由公式（8-19）的控制律可以发现，最佳的平衡升力系数就是不稳定定常解对应的升力系数，但在实际仿真中，这样的定常解（平衡升力系数）很难先验得到。本书通过迭代方法获得。具体是先给定时均升力系数 0.575，然后根据控制稳定之后的舵面偏转情况进行调整，如果舵面存在一个稳定的下偏角度，则说明该升力系数大于定常解；反之则小于定常解。通过多次迭代则可以找到状态 $Ma=0.7$，$\alpha = 5.5°$ 下的定常解，并将其作为最佳的平衡升力系数。

图 8-25 给出了几种平衡升力系数下的控制效果的对比，其中增益 $\lambda = 0.3$，无时间延迟。当平衡升力系数为 0.553 时，舵面的响应角度基本为零度，升力系数也刚好为 0.553，这说明，该状态下（$Ma=0.7$，$\alpha = 5.5°$）对应的定常解的升力系数是 0.553，以后的仿真中均取该值作为平衡升力系数。进一步的仿真发现，即使不同的控制参数组合下，只要抖振能被完全抑制，系统必将收敛到上述的定常解。从图 3-14 给出的时均压力云图与定常解的压力云图对比可以看出，两者并不一致，也就是说系统闭环控制以后的稳定状态与非定常状态下的时均状态并不一致。这也是平衡升力系数不采用时均解的原因。

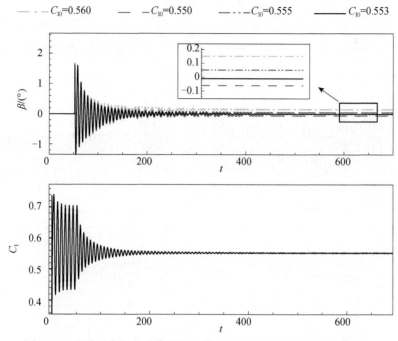

图 8-25　几种平衡升力系数下控制效果对比（彩图请扫封底二维码）

2. 增益的影响

从公式（8-19）可以看出，反馈增益对舵面的扑动幅值影响较大，它起到放大作用，将升力信号直接转化成舵面的作动幅值。图 8-26 给出了 4 个增益下的响应曲线，其中平衡升力系数 C_{10} 为上文中确定的 0.553，无延迟反馈。当 $\lambda = 0$ 时，即无反馈控制状态，等同于静止翼型的仿真。可以发现，随着增益 λ 的增大，舵面作动幅值以及升力系数和力矩系数幅值逐渐减小，当 $\lambda = 0.25$ 时，其幅值基本为 0，流动近似达到稳定状态，升力系数为 0.553，与给定的平衡升力系数相等。另外可以发现，在控制初始阶段，输出信号具有一定的波动，如图 8-26 中的放大显示部分。这是由于反馈控制开始时，舵面的突然运动对流场造成的冲击引起的，增益越大，这种冲击作用越明显，有时会对几个周期以后的流场依然有影响。计算发现，当 $\lambda > 0.4$ 时，这种冲击作用已经破坏了真实的流动过程，造成解的持续振荡。理论上可以通过改变反馈控制起始点（比如，在升力系数刚穿过平衡位置时施加反馈控制）的办法来减缓这种不良冲击的影响，但是实际中很难保证这一点。所以实际操作中应该尽量保证增益 λ 在一个合理范围内。图 8-27 给出了不同增益下响应曲线的功率谱分析结果，发现随着增益的增加，响应频率稍微增大。

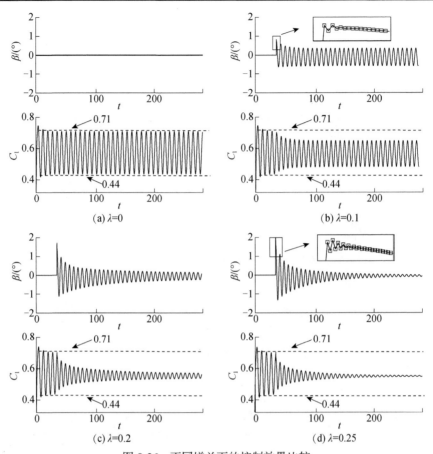

图 8-26　不同增益下的控制效果比较

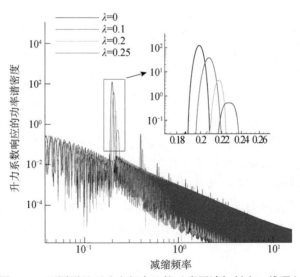

图 8-27　不同增益下响应频率比较（彩图请扫封底二维码）

总的来说，在不考虑延迟时间的闭环反馈控制中，在一定范围内增大增益 λ 可以显著地改善抖振控制效果，在 $\lambda = 0.25$ 时，可以实现抖振流动的完全抑制。但是并不是增益 λ 越大越好，太大的 λ 会对流场造成较大的冲击，形成振荡，失去控制作用。

3. 延迟时间的影响

接下来研究延迟时间的影响。在闭环控制前，系统达到稳定的近似简谐的抖振响应，其周期是固定的，我们定义该周期为 T_0。为了便于描述，我们将延迟时间转换成相角的形式，如延迟二分之一周期，则表示为 $\Delta t = \dfrac{18}{36}T_0 = \dfrac{1}{2}2\pi = 180°$，即舵面响应滞后升力响应二分之一周期（或 180°），如此类推。如果延迟相角超过 180°，则可以进一步转化为舵面对升力响应的相角超前，用 φ_{lead} 表示。例如，延迟时间 $\Delta t = (31/36)T_0$ 与相角超前 $\varphi_{\text{lead}} = 50°$ 是一致的。

图 8-28 给出了增益 $\lambda = 0.15$ 时，几种典型延迟时间下的闭环控制响应历程比较。发现延迟时间对闭环控制效果影响较大，甚至可以完全改变闭环系统的稳定性。当延迟时间 $\Delta t = (9/36)T_0$ 时，闭环系统是不稳定的，力系数响应幅值较无控制时还增加了近 50%（如图 8-28（b）中升力系数响应所示）。当延迟时间为 $\Delta t = 0$ 和 $\Delta t = (27/36)T_0$ 时，闭环控制已经起作用，升力系数和力矩系数幅值明显小于无控制时的结果，减小了近 2/3，但是依然没有达到完全控制的效果。而当延迟时间 $\Delta t = (31/36)T_0$（$\varphi_{\text{lead}} = 50°$）时，闭环系统是稳定的，抖振被完全控制，获得的流场是定常的，升力系数等于平衡升力系数 0.553。

进一步地对增益 $\lambda = 0.15$ 时的延迟时间进行了更详细的研究，仿真间隔为 $(3/36)T_0$。图 8-29 给出了 12 个响应下的升力系数对舵偏角度的迟滞环，并对稳定后的响应结果折算出升力系数响应与舵面响应的相角差。为了有直观的比较，所有的相图都以同一个尺度显示。对比发现，从 $\Delta t = (3/36)T_0$ 到 $\Delta t = (24/36)T_0$ 范围内，迟滞环都比较狭长，这意味着，在这段范围内，升力系数幅值较大，尤其是图 8-29（f）中当 $\Delta t = (15/36)T_0$ 时，升力系数较无控制时增加了近 1 倍。在 $\Delta t = 0$ 和 $\Delta t = (27/36)T_0$ 时，环的面积比较小，这说明在该延迟时间范围内闭环反馈是有效的，但是没有完全抑制抖振，这与图 8-28 的结论一致。而当 $\Delta t = (30/36)T_0$ 和 $\Delta t = (33/36)T_0$ 时（从 $\varphi_{\text{lead}} = 60°$ 到 $\varphi_{\text{lead}} = 30°$），在以上显示尺度下迟滞环基本收缩为一个点，这说明在这段延迟时间内闭环控制可以有效地抑制抖振。图 8-29 中还标出了稳定以后两响应的相角差，可以看出稳定前后的相角差是不同的。注意到，在 $\Delta t = 0T_0$ 时（图 8-29（a）），环收缩为一条线段，这是由于无延迟控制时，稳定后相角差 $\varphi = 0°$；在 $\Delta t = (9/36)T_0$ 时（图 8-29（d）），稳定后相角为 $\varphi = 92°$，

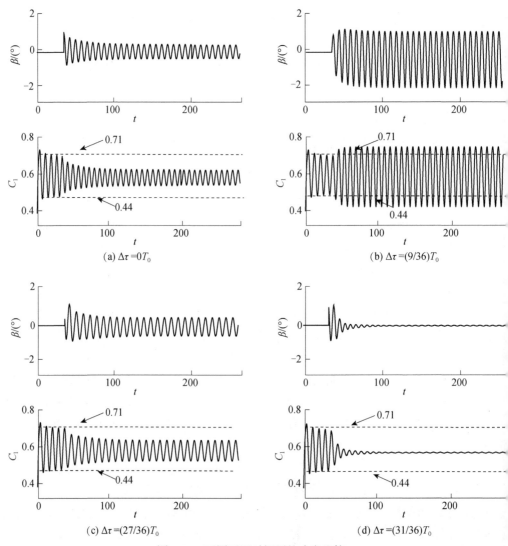

图 8-28　不同延迟时间下的响应比较

接近 90°，所以迟滞环近似为一个圆；而当 $\Delta t = (21/36)T_0$ 时（图 8-29（h）），相环为 "8" 字形，这是由于此时的相角为 $\varphi = 178°$，接近 180°。并且在这之后环的方向发生改变，由顺时针变为逆时针方向。

　　图 8-30 给出了升力系数响应频率随延迟时间的变化关系，可以看出响应频率随延迟时间的增加在较小的范围内波动（0.18～0.22）。虽然该频段与抖振频率接近，但是由于控制反馈的调幅作用，并不会出现类似开环中的气动力共振现象。

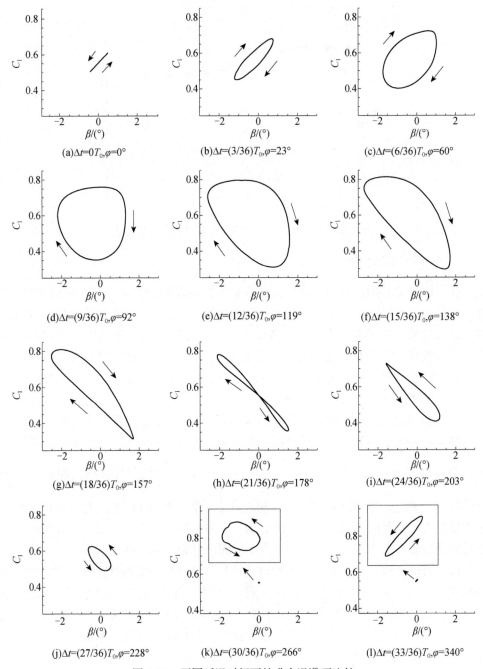

图 8-29　不同延迟时间下的升力迟滞环比较

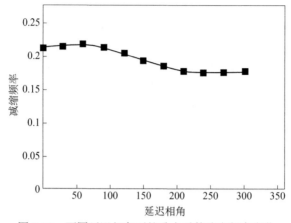

图 8-30　不同延迟相角下的升力系数响应频率变化

4. 控制机理讨论

我们比较关心的是，为什么较优的延迟时间是在舵偏超前升力响应约 50°时获得？为了弄清楚这个问题，我们首先研究单独的舵偏引起的升力系数响应的延迟效应，状态选取亚临界抖振状态，即 Ma=0.7，$\alpha = 4.5°$。这主要是因为，在抖振状态下，抖振运动引起的升力系数脉动幅值较大，小的舵偏难以对升力系数产生影响，而大幅舵偏容易造成系统的非线性。而在亚临界状态下则可以避免这些问题，能够直接反映出升力系数对舵偏响应的滞后效应。

图 8-31 给出了上述亚临界抖振流动在强迫简谐振荡舵面扰动下的升力系数响应，其中舵偏幅值为 0.5°，无量纲振荡频率为 0.2。从图 8-31 中可以看出，升力系数响应滞后舵偏 $\varphi_{C_1-\beta} = \dfrac{\Delta t}{T_0} \times 2\pi = \dfrac{8.14}{22.41} \times 360° \approx 131°$，我们定义该滞后相角为物理滞后环节。另外，考虑到最优控制相角在升力系数滞后舵偏 50°左右时获得，并且该相角是人为设置的，因此定义该滞后为人工滞后环节。那么，最终有效的滞后相角是物理滞后和人工滞后之和，即升力系数滞后舵偏约为 180°。

也就是说，最优控制效果在舵偏响应和升力系数响应反相时获得，即实现的是反相控制。这可以从以下过程解释。假设某时刻升力达到最大值（激波处于最后），则由于两者反相，舵偏处于最小值，为负值，由舵偏定义可知，此时舵偏向上，对机翼等效于低头效应，使升力系数减小；类似地，当升力系数在最小值时，舵面下偏，等效于机翼抬头效应，使升力系数有增大趋势。这还可以解释在 120°延迟附近时控制效果变差的原因，如图 8-29（d）～（f）所示。在这些状态下，最终有效相角延迟为零，即实现的是同相控制，同相控制总是有放大升力响应的趋势，进而使系统的不稳定性进一步放大。

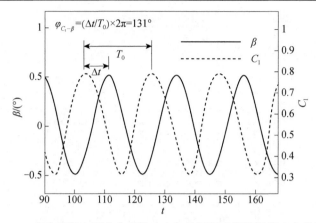

图 8-31　亚临界状态下升力系数响应与舵面强迫简谐振荡响应的关系

因此，对于本书的控制器，为了实现最优控制，物理滞后环节和人工滞后环节需要满足如下关系：

$$\varphi_{\text{lead}} + \varphi_{C_1-\beta} \approx \pi \qquad (8\text{-}20)$$

进一步地考虑相角和延迟时间的转换关系，式（8-20）可表示为

$$\Delta t \approx \frac{\pi + \varphi_{C_1-\beta}}{2\pi} T_0 \qquad (8\text{-}21)$$

通过该式设计的延迟时间即可实现反相控制，确保舵面振荡始终对流动系统做负功，这也是本书控制率能实现抖振控制的本质机理。

5. 闭环控制效果

由以上分析可知，相对来说延迟时间对闭环控制效果影响较大。图 8-32 给出了不同增益和延迟时间组合的控制效果比较，其中"X"表示控制无效甚至使系统不稳定性加剧，"□"表示控制有效但是仅使力系数幅值减小而没有完全控制，而"○"表示完全抑制抖振，是理想的控制状态。研究发现，当增益 $\lambda > 0$ 时，理想控制区在 $\Delta t = (29/36)T_0$ 到 $\Delta t = (34/36)T_0$ 范围内，即相角为 70°～20° 的范围，其中平均相角约为 50°，这与之前的控制机理讨论结果一致。当 $\lambda < 0$ 时，可控制区较 $\lambda > 0$ 时向左移动了 180°，但是可控制范围基本相同，这是容易理解的，增益 λ 的符号仅决定了舵面起始偏转的方向。

延迟时间可以有效地提高控制效果，在无延迟的状态下理想控制的最小增益是 $\lambda = 0.25$，而在有延迟状态下理想控制的最小增益是 $\lambda = 0.08$。由前文讨论可知，大的增益在控制开始阶段对系统冲击较大，所以有延迟的闭环控制有利于系统的稳定。另外注意到，当 $\lambda = 0.05$ 时，在所有延迟时间内都不能达到理想的控制状态，而在 $\lambda = 0.4$ 时，由于冲击较大，也达不到有效的控制状态，所以闭环控制的增益应取在合适的范围。

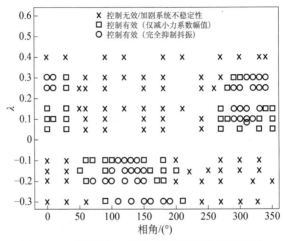

图 8-32　不同增益和延迟时间下的控制效果比较

以上参数研究均设定在状态 $Ma=0.7$，$\alpha=5.5°$。为了说明本书控制方法的有效性，在其他迎角和马赫数（$Ma=0.7$，$\alpha=5.0°$，$Ma=0.75$，$\alpha=3.5°$）下进行了相似研究。仿真结果发现，在合适的控制参数组合下，这两个状态下的抖振也可以被完全抑制。对状态 $Ma=0.7$，$\alpha=5.0°$ 来说，其抖振升力系数幅值为 0.115，在控制参数组合 $\lambda=0.3$，$\Delta t=(30/36)T_0$，$C_{10}=0.575$ 下，抖振被完全抑制，如图 8-33 所示，定常状态的升力系数为 0.575，与时均升力系数 0.565 稍有偏差。而对状态 $Ma=0.75$，$\alpha=3.5°$ 来说，其抖振升力系数幅值为 0.105，在控制参数组合 $\lambda=0.2$，$\Delta t=(28/36)T_0$，$C_{10}=0.357$ 下，抖振被完全抑制，如图 8-34 所示，定常状态的升力系数为 0.357，与时均升力系数 0.345 相比略大一些。也就是说，本书通过经验确定的闭环控制律是有效的，在较宽的马赫数和迎角范围内都可以有效地抑制跨声速抖振的非定常脉动载荷。

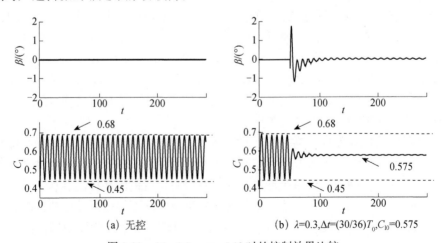

图 8-33　$Ma=0.7$，$\alpha=5.0°$ 时的控制效果比较

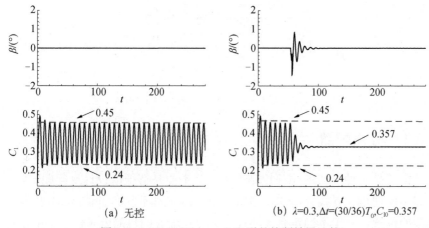

图 8-34　$Ma=0.75$，$\alpha=3.5°$ 时的控制效果比较

本节通过 CFD 数值仿真方法开展跨声速抖振的开环和闭环控制研究。在开环控制中，当舵偏频率与抖振频率接近时，会发生气动共振现象，气动力幅值显著增加；而当舵偏频率约为抖振频率的 1.6 倍时，能获得较优的控制效果。开环控制中相角对控制效果影响较大，当相角约为 290° 时能获得较优的控制效果。由于舵面的持续强迫扰动，开环控制方案并不能实现跨声速抖振的完全抑制，最高能将抖振载荷降低 70% 左右。

在闭环控制律中，最优平衡升力系数即不稳定定常解，可通过迭代仿真方法获得。闭环控制是获得不稳定定常解的有效途径。闭环控制中延迟时间（相角超前）对控制效果影响较大，最优相角约为 50°。闭环系统在此时实现反相控制，振荡舵面始终对流动做负功。

8.5　基于 ROM 的闭环控制律设计

基于 CFD 仿真方法开展的闭环控制，虽然实现了抖振的完全抑制，但是控制律的确定对研究者经验要求较高，更需要大量的数值仿真。本节将开展基于降阶模型的闭环控制律设计和最优控制机理的讨论，降阶模型为 3.3.4 节中建立的平衡截断后的 BROM 模型，如式（3-22）所示。闭环控制示意图如图 8-35 所示，与 8.4.2 节中的非线性延迟控制律不同，本节将设计基于升力和力矩系数反馈的线性控制律，其中的反馈增益 K 将分别通过极点配置和线性二次型最优控制（LQ）方法确定[237]。

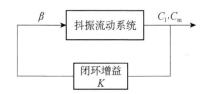

图 8-35　基于升力和力矩系数反馈的线性闭环控制示意图

8.5.1　极点配置

极点配置是一种经典的闭环控制手段，其本质是特征值设计反问题[238, 239]。该方法的基本原理是，寻找合适的反馈增益矩阵，使闭环系统全部或部分极点位于研究者期望的位置。对于不稳定系统的控制，极点配置的目的就是使系统的不稳定主模态的极点（特征值）全部位于左半平面，从而使系统稳定。

由于平衡截断并不改变系统的可控性，式（3-22）中的平衡系统与原系统具有相同的可控性。由于式（3-19）中定义的格拉姆矩阵是非奇异的，因此，平衡截断的 BROM 系统（A，B，C，D）也是可控的。基于气动力输出的线性反馈控制律定义如下：

$$\beta(t) = u(t) = \mathbf{\Gamma} y(t) \tag{8-22}$$

其中，反馈增益为 $\mathbf{\Gamma} \in \mathbb{R}^{m \times p}$，$m$ 和 p 分别为系统输入、输出阶数。将输出方程（3-22）代入方程（8-22），可得

$$u(t) = \mathbf{\Gamma}(\mathbf{I} - \mathbf{D}\mathbf{\Gamma})^{-1}\mathbf{C}x(t) \tag{8-23}$$

进一步地将方程（8-23）代入开环系统方程（3-22），得到闭环系统的状态方程：

$$\dot{x}(t) = [\mathbf{A} + \mathbf{B}\mathbf{\Gamma}(\mathbf{I} - \mathbf{D}\mathbf{\Gamma})^{-1}\mathbf{C}]x(t) \tag{8-24}$$

定义 $\mathbf{A}_c = \mathbf{A} + \mathbf{B}\mathbf{\Gamma}(\mathbf{I} - \mathbf{D}\mathbf{\Gamma})^{-1}\mathbf{C}$，则闭环系统的特性就由状态矩阵 $\mathbf{A}_c$ 的特征值表示，而 $\mathbf{A}_c$ 是反馈增益 $\mathbf{\Gamma}$ 的函数，因此，闭环系统的极点将由反馈增益 $\mathbf{\Gamma}$ 决定。

我们注意到，跨声速抖振流动的不稳定特性仅由不稳定的子系统决定，其维数仅 2 阶。因此，我们可以通过部分极点配置方法，即仅配置不稳定极点的方式来改变流动系统的稳定性。对于静态输出反馈，可配置极点的个数为

$$q = \min(n, m + p - 1) \tag{8-25}$$

其中，n、m 和 p 分别是系统状态、输入和输出的维度。部分极点配置方法的过程为：

（1）定义 q 个自共轭的期望的极点序列 $\mathbf{\Lambda}$，$\tilde{\lambda}_1, \tilde{\lambda}_2, \cdots, \tilde{\lambda}_q \in \mathbb{C}$。

（2）计算输出反馈增益矩阵 $\mathbf{\Gamma} \in \mathbb{R}^{m \times p}$，确保闭环系统的特征值谱满足 $\lambda_i(\mathbf{A}_c(\mathbf{\Gamma})) = \tilde{\lambda}_i$，$i = 1, \cdots, q$。

反馈增益 $\boldsymbol{\Gamma}$ 通过非线性最小二乘方法确定，定义函数 f 为

$$f(\boldsymbol{\Gamma}) = \begin{bmatrix} \lambda_1(A_c(\boldsymbol{\Gamma})) - \tilde{\lambda}_1 \\ \vdots \\ \lambda_q(A_c(\boldsymbol{\Gamma})) - \tilde{\lambda}_q \end{bmatrix} \qquad (8\text{-}26)$$

则极点配置问题转化为如下的非线性最小二乘问题：

$$\min_{\boldsymbol{\Gamma} \in \mathbb{R}^{m \times p}} \hat{f}(\boldsymbol{\Gamma}) := \frac{1}{2} \|f(\boldsymbol{\Gamma})\|^2 = \frac{1}{2} \sum_{i=1}^{q} (\lambda_i(A_c(\boldsymbol{\Gamma})) - \tilde{\lambda}_i)^* (\lambda_i(A_c(\boldsymbol{\Gamma})) - \tilde{\lambda}_i) \qquad (8\text{-}27)$$

其中，上标*表示复共轭转置。

从上述极点配置方法可以得到，本研究的跨声速抖振流动可以配置的极点个数为 $q = 2$，与不稳定的极点个数刚好相等。本书仅需将系统的一对不稳定极点从右半平面配置到左半平面，而无须对其他稳定的极点进行精确配置，只需保证它们依然是稳定的即可。

一般来说，配置的极点选择需要考虑系统的稳态特性，更稳定的极点往往意味着较大的反馈增益，有可能造成系统的振荡。因此，本书参考了亚临界状态系统最不稳定极点的特性，从而配置了两对共轭极点，即 PA1 和 PA2，如图 8-36 所示。

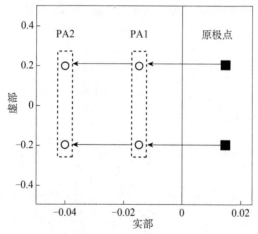

图 8-36　系统原极点和配置极点的分布

通过（8-27）式中的非线性最小二乘方法，我们可以求得反馈增益 $\boldsymbol{\Gamma}$。结果在表 8-2 中，则反馈控制律表示为

表 8-2　配置极点及对应的反馈增益

算例	极点位置	反馈系数
原始极点	0.015±0.2j	
PA1	−0.015±0.2j	k_1=0.054，k_2=1.080
PA2	−0.040±0.2j	k_1=0.180，k_2=0.900

$$\text{PA1：}\quad \beta(t) = 0.054[C_1(t) - C_{10}] + 1.080[C_m(t) - C_{m0}] \quad\quad (8\text{-}28)$$

$$\text{PA2：}\quad \beta(t) = 0.18[C_1(t) - C_{10}] + 0.90[C_m(t) - C_{m0}] \quad\quad (8\text{-}29)$$

图 8-37 给出了系统在 PA1 和 PA2 控制律下的响应历程。研究都是针对完全发展的进入极限环状态的抖振流动，反馈控制在 t=490 时施加。一旦控制开始之后，舵面开始响应，并且流动的气动力的脉动幅值迅速减小。最终舵面趋于初始的零偏角位置，同时气动力收敛到不稳定定常状态的值。这表明两种反馈控制律 PA1 和 PA2 都能完全抑制抖振流动。然而，PA2 作用的无量纲时间是 400，低于 PA1 的 1030，这与 PA2 配置的系统极点相比 PA1 配置更稳定这一特征相吻合。本书进一步计算了仿真响应曲线的幅频特性，并与配置的极点比较，如图 8-38 所示。可以发现，从 CFD 仿真响应反算的系统收敛特性与配置的极点实部是相符的，这进一步证明，极点配置方法得到的控制律是有效的。

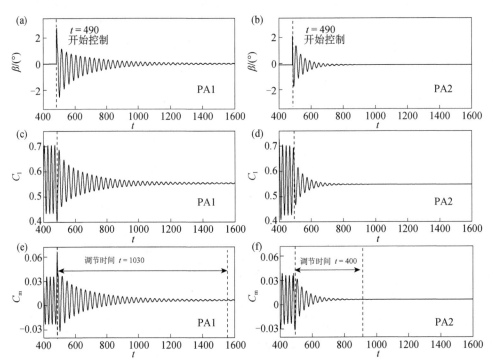

图 8-37　PA1 和 PA2 控制律下控制舵面角度、升力系数和力矩系数的响应历程

8.5.2　LQR 控制

上述极点配置方法得到的控制律能够有效地抑制抖振的非定常特性，并且从数学上来说可以得到任意多这样的控制律，然而，这些控制律并不一定是最优的或次优的。与极点配置不同，LQR 方法得到的控制律是最优/次优的。LQR 即线性二次

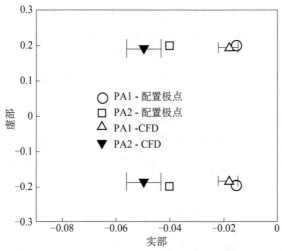

图 8-38　CFD 响应反算的收敛特性与配置极点的比较

型调节器，其对象是现代控制理论中以状态空间形式给出的线性系统，而目标函数为研究对象的状态和控制输入的二次型函数。通过求解过程的规范化，可以将其最优解写成统一的解析表达式，并采用状态线性反馈构成闭环最优控制系统。该方法能够兼顾多项性能指标，因此得到学术界特别的重视，是现代控制理论中发展较为成熟的一部分。该方法近年来已经被用于多种不稳定流动的控制律设计。

在 LQR 最优控制框架下，我们通过控制后的气动力与不稳定定常解的气动力间的极小差构建惩罚函数 J，即

$$J_m = \int_0^\infty (\boldsymbol{x}^T \boldsymbol{Q} \boldsymbol{x} + \boldsymbol{u}^T \boldsymbol{R} \boldsymbol{u}) \mathrm{d}t \tag{8-30}$$

其中，$\boldsymbol{Q}$ 和 $\boldsymbol{R}$ 都是对称正定对角实矩阵。$\boldsymbol{Q}$ 为性能指标函数对于状态量的权重，其对角元素越大，意味着该变量在性能函数中越重要。$\boldsymbol{R}$ 阵为控制量的权重，对应的对角元素越大，意味着控制约束越大。

假设该方法得到的反馈控制律为 $\boldsymbol{u} = \boldsymbol{\Gamma}_o \boldsymbol{x}$，其中 $\boldsymbol{\Gamma}_o = \boldsymbol{R}^{-1} \boldsymbol{B}^T \tilde{\boldsymbol{\Gamma}}_o$。$\tilde{\boldsymbol{\Gamma}}_o$ 可以通过求解里卡蒂（Riccati）方程得到

$$\boldsymbol{A}^T \tilde{\boldsymbol{\Gamma}}_o + \tilde{\boldsymbol{\Gamma}}_o \boldsymbol{A} - \tilde{\boldsymbol{\Gamma}}_o \boldsymbol{B} \boldsymbol{R}^{-1} \boldsymbol{B}^T \tilde{\boldsymbol{\Gamma}}_o + \boldsymbol{Q} = \boldsymbol{0} \tag{8-31}$$

然而，由于状态量不通过状态观测器是很难得到的，因而上述的最优控制过程在实际中是难以实现的。但是考虑到系统的输出是已知且明确的，因此我们依然可以基于上述框架构建静态输出反馈下的闭环控制 $\boldsymbol{u} = \boldsymbol{\Gamma}_s \boldsymbol{y}$，其惩罚函数定义为

$$J_s = \int_0^\infty \left[(C_l(t) - C_{l0})^2 + w_m (C_m(t) - C_{m0})^2 + w_c u(t)^2 \right] \mathrm{d}t \tag{8-32}$$

其中，w_m 和 w_c 是常权重系数。虽然基于输出反馈的控制过程往往达到的是次优控制，但是依然可以实现不稳定系统的控制。

在本研究中，为了避免控制律的不稳定，取 $w_m = 1$ 和 $w_c = 100$。求解上述最小

化方程得到反馈增益为 $k_1 = 0.2$ 和 $k_2 = 1.2$，因此，基于输出反馈的次优控制律为

$$\beta(t) = 0.20[C_1(t) - C_{10}] + 1.20[C_m(t) - C_{m0}] \qquad （8\text{-}33）$$

图 8-39 给出了完全发展的抖振流动在该控制律下通过 CFD 仿真计算得到的时间响应历程，流动很快稳定并收敛到不稳定定常解，控制响应的调节时间为 220，与极点配置得到的 PA2 控制律的响应时间较接近。同时两控制律的反馈增益也比较接近，因此，两控制律本质上都是次优控制律。与状态反馈相比，本研究采用的输出反馈不需要设计状态观测器，并且反馈信号具有明确的物理意义。因此，这种闭环控制同样适用于其他不稳定流动，甚至在风洞实验中也比较容易实现。

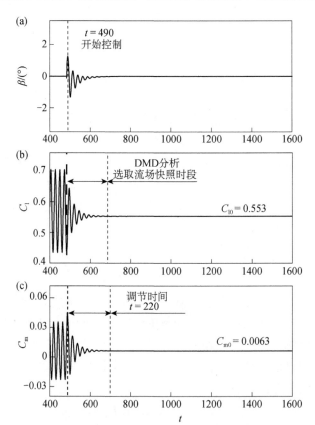

图 8-39　抖振流动在 LQR 方法得到的次优控制率下的响应

另外，本书记录了系统在 t=500～750 时间段内的流动快照，并开展 DMD 分析。前四阶主模态如图 8-40 所示，同时表 8-3 给出了各模态的增长率和减缩频率。与完全发展的抖振流动的模态类似，第一阶模态是静模态，与不稳定定常流动基本一致。第三阶模态是具有负的增长率的转换模态，表明激波运动范围在控制过程中是逐渐衰减的，其衰减率与图 8-39 中通过 CFD 响应反算的阻尼接近。第二阶和第四阶模态具有类似的流场结构和频率，并且都与抖振频率接近。它们本质上都

是抖振主导模态在控制作用下的相关模态，并且它们都具有负的增长率，这与图
8-39 中的衰减响应是一致的。因此，DMD 模态能够很好地表现抖振流动在控制作
用下的动力学特性。此外，本研究还进一步表明，跨声速抖振本质上是由流动的全
局模态失稳造成的，而不是自维持反馈模型的机理解释。

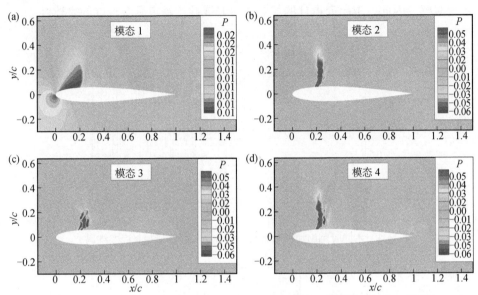

图 8-40　控制作用下抖振衰减流动的前四阶模态云图（彩图请扫封底二维码）

表 8-3　前四阶模态增长率及缩减频率

模态	增长率	减缩频率
1	0	0
2	-2.32×10^{-2}	0.183
3	-5.42×10^{-2}	0
4	-8.26×10^{-2}	0.204

8.5.3　控制律鲁棒性检验

　　鲁棒性是评判控制律性能的重要指标，好的控制律应当对非期望的扰动或非设
计状态依然有效。因此本节以 LQR 得到的次优控制律为例开展鲁棒性检验。

　　从图 8-39 可知，闭环控制在流动进入极限环状态后才运行，也就是说，该控
制律对于这种完全发展的非线性流动依然具有理想的控制效果。可以预测，它也同
样适用于其他抖振流动还未完全激发的状态。图 8-41 给出了分别在 t=90、200、
350 和 490 时施加控制的系统响应历程，可以发现不同激发程度下的抖振流动都能
被完全抑制，并都趋于不稳定定常解。

　　本书进一步研究该控制律对非线性扰动的适应性。非线性扰动是在完全发展的抖振流动基础上施加振幅为-2.5°的舵面阶跃扰动，扰动持续 10 个无量纲时间步长，如图 8-42（a）所示。在阶跃扰动的影响下，升力系数存在明显的高频非线性波动。当控制器在 t=597 开始作动时，该复杂流动依然能够被完全抑制并收敛到不稳定定常解。因此，本研究设计的控制律对非线性扰动也具有较好的鲁棒性。

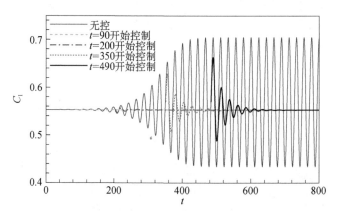

图 8-41　不同时刻施加控制后系统的响应（彩图请扫封底二维码）

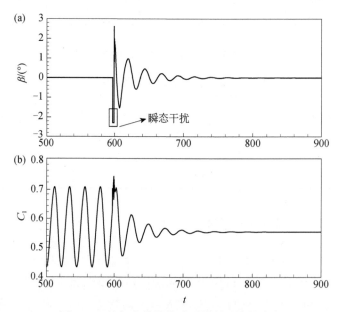

图 8-42　施加非线性扰动后控制系统的响应

　　这里进一步验证本书的控制律对非设计状态下的抖振流动的鲁棒性。为此，本书选择了两组抖振流动，如图 8-43 所示，第一组是对设计状态点（Ma=0.70，α = 5.5°）的马赫数和来流迎角的微小波动，即状态 Ma=0.702，α = 5.5° 和

Ma=0.70，α = 5.56°。第二组比较远离设计的抖振状态点，即状态 Ma=0.70，α = 5.0°；Ma=0.72，α = 4.5° 和 Ma=0.75，α = 3.5°

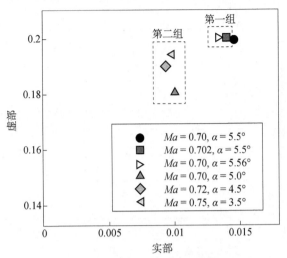

图 8-43　不同抖振状态下的系统极点分布

对于第一组抖振流动，由于来流状态的微小变化并不会造成相应流动特性上质的改变，如激波范围和气动力幅值的明显变化。因此，本书针对 Ma=0.70，α = 5.5° 状态设计的控制律依然能够很好控制这些状态下的抖振流动。对于第二组算例，本书发现，控制律的反馈增益依然是有效的，但是控制律中的若干调节参数——C_{l0} 和 C_{m0} 需要根据新的抖振状态重新设定。本书通过 8.4.2 节中的迭代法确定这些值。如图 8-44 所示，一旦确定这些调节参数，更新后的控制律则能够完全抑制第二组的抖振流动，并收敛到各自的不稳定定常解。因此，本书设计的控制律对非设计状态也是有效的。

因此，尽管本节没有专门开展鲁棒控制律设计，但分析表明，该控制律的鲁棒性依然较好——对于非线性扰动或者某些非设计抖振状态，该控制律依然能够有效工作。然而对于远离设计点的抖振状态，本书的控制律框架虽然是有效的，但是需要事先获得这些抖振状态下的调节参数（C_{l0} 和 C_{m0}）。

8.5.4　最优控制律的讨论

上述通过不同方法独立获得的控制律都能完全抑制跨声速抖振，因此这里探究这些控制律背后的本质物理机理，即进一步回答以下几个问题：

（1）为什么分别通过极点配置和 LQR 方法可获得类似的次优控制律？

（2）为什么 8.4 节中的开环控制的最优参数在 $\eta \sim 1.6$ 和 $\varphi \sim 290°$ 下获得，闭环控制最优相角也在 $\varphi \sim 310°$ 下获得？

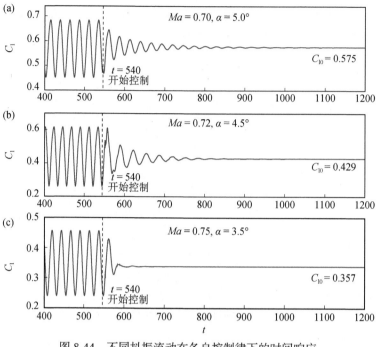

图 8-44　不同抖振流动在各自控制律下的时间响应

（3）通过以上几种主动控制律的分析，是否能够总结出适用于不稳定流动最优控制律设计的一般规律？

由于相角在闭环控制中的作用非常重要，因此对于第一个问题，本书计算了控制信号和升力系数间的相角。并且为了获得较好的周期性，升力系数和力矩系数响应采用抖振充分发展之后稳定的响应。重构之后 PA1、PA2 和 LQR 的控制信号如图 8-45 所示，从图中可以看出，各控制信号对升力系数的相角分别为 270°、290° 和 300°。PA2 和 LQR 的相角非常接近，因此，两者具有相近的控制响应过程及调节时间。

进一步地，我们通过开环系统的伯德图解释为什么在相角为 290° 左右时能够获得次优控制，这是由于该相角近似等于开环系统零点对应的频率。图 8-46 给出了系统的升力系数对舵面偏角的伯德图，降阶模型结果与 CFD 反算的典型状态点的结果基本吻合。幅频曲线显示了系统的两个关键频率。较低的频率位于 $k=k_b=0.20$ 处，即系统不稳定极点对应的频率；另一个为 $k=1.7k_b=0.34$，是系统零点对应的频率。当 $k=0.20$ 时，幅频曲线达到极大值，这表明，即使很微幅的系统输入也将引起系统极大的输出响应，即共振现象，我们定义该关键频率为"共振频率"。在开环控制中，当 $\eta \sim 1.0$ 时系统出现大幅的响应就是由共振造成的，因此，在开环控制律设计中我们应尽量避免共振频率范围。另一个关键频率对应系统的极小值点，且为负的极小值，这表明，系统即使在大幅的输入激励下也仅能引起微小

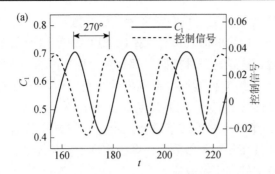

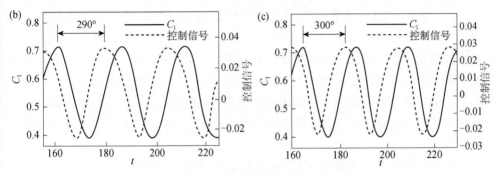

图 8-45　各控制律重构的控制信号对升力系数的相角

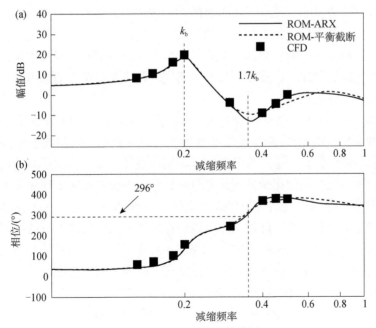

图 8-46　开环系统的伯德图

的输出响应。这与共振现象相反，我们定义为"反共振"，该频率称为"反共振频率"，对应的相角为 296°（图 8-46（b））。我们发现 PA2 和 LQR 控制律的相角与反共振频率的相角很接近，这是这两种控制律都是次优控制律的根本原因。而由于控制律 PA1 的相角（270°）虽然接近反共振频率的相角，但是没有 PA2 更接近，因而 PA1 虽然能够抑制抖振，但是作用时间明显长于 PA2。因此，反共振频率对应的相角在最优闭环控制律设计中扮演了重要的角色，控制律的相角越接近 296°，控制作用时间越短。并且在此相角参数下，系统实现了反相控制，即控制器始终对流动做负功，抑制了流动的非定常效应。

　　8.4 节中基于 CFD 仿真的开环和闭环控制也依赖反共振频率及其相角。如 8.4.1 节中的开环控制，最优的舵偏频率近似等于反共振频率，最优相角也与反共振对应的相角接近。因此，开环控制系统的特性完全是由伯德图决定的，反共振频率及其相角是最优控制参数组合。此外，8.4.2 节中闭环控制设计的延迟反馈控制律的最优相角为 310°，也与伯德图中的反共振相角接近。因此，不管是基于 CFD 仿真的控制研究还是基于 ROM 技术的控制律设计，最佳控制参数都在反共振频率附近获得。

　　反共振对应的频率和相角可以用来指导最优控制律的设计，也就是说，最佳控制效果在反共振参数组合下实现。另外，我们发现反共振本质上就是开环系统的零点。我们知道，极点表征流动系统本身的动力学特性，而零点与作动模式相关，即不同的控制作动器可能导致系统零点的不同，相应的反共振频率和相角也不同。然而，一旦我们确定了新的控制作动模式下的零点及其对应的频率和相角，就能据此设计近似最优的控制律。该准则不仅对本研究的跨声速抖振流动适用，也同样适用于其他一般的不稳定流动。

　　本节基于 BROM 模型开展跨声速抖振的闭环控制律设计和最优控制律的讨论。平衡截断后的 BROM 模型仅需要四阶就可以在状态空间精确表征抖振流动系统的输入输出特性，易于进一步开展闭环控制律设计。基于输出反馈的极点配置方法能够实现跨声速抖振的完全抑制，并且从数学上来说可以配置任意多个这样的闭环极点，但是很难保证它们是最优或次优的。LQR 方法获得的次优控制律也能够实现抖振的完全抑制，并且此控制律与以极点配置方法得到的较好的控制律接近。针对次优控制律的鲁棒性检验表明，该控制律对非线性扰动或者某些非设计抖振状态依然有效。然而对于远离设计点的抖振状态，需要事先获得这些状态下的调节参数（C_{l0} 和 C_{m0}）。几种控制方式中较优的控制效果都由开环系统的伯德图决定，并且最佳控制效果在反共振点得到。因此，反共振及其相关参数是不稳定流动最优控制律设计的重要指导。

8.6　被动反馈控制

针对气动弹性中的相关问题，工程上往往采用调节结构刚度（往往是增加刚度）和增加阻尼的方式以避免诱发系统进一步的不稳定及大幅振荡。针对已经发生的结构失稳现象，研究者主要通过两个角度解决或缓和这类问题。第一，通过流动的主动控制，改变流动的稳定性，消除振源；第二，通过调节结构的刚度，施加阻尼，甚至主动控制技术，减缓结构的振动。这两类研究通常是单独从流体力学或结构动力学角度开展相关研究，从流固耦合层面开展研究的工作较少（即使将流动主动控制用于减振，其出发点仍然是流动稳定性）。

是否能够通过释放结构自由度，利用流固耦合效应来提高流动的稳定性？这种思路可以在不改变外形的前提下实现流动的被动控制，消除振源及可能的结构振动，是一个新颖而有挑战的课题。本节以弹性支撑下的跨声速翼型抖振模型为例，基于降阶模型，通过设计合适的结构刚度和阻尼，探索了利用流固耦合提高流动稳定性的可行性[240]。

8.6.1　控制模型

本节研究模型为释放结构俯仰刚度的 NACA0012 翼型，并引入结构阻尼，如图 8-47 所示。引入无量纲仿真时间 $\mathrm{d}t = \dfrac{U_\infty}{b}\mathrm{d}t_{\mathrm{physics}}$，则图 8-47 中翼型俯仰运动方程表示为

$$\frac{\mathrm{d}\ddot{\theta}}{\mathrm{d}t} + 2k_\alpha\zeta\frac{\mathrm{d}\dot{\theta}}{\mathrm{d}t} + k_\alpha{}^2\theta = \frac{1}{\pi\mu r_\alpha^2}(2C_m) \qquad (8\text{-}34)$$

式中，θ 为俯仰位移；ζ 为无量纲阻尼比；$k_\alpha = \dfrac{\omega_\alpha b}{U_\infty}$ 为结构无量纲俯仰支撑频率，这里，ω_α 为俯仰支撑系统的圆频率；$\mu = \dfrac{m}{\pi\rho b^2}$ 为无量纲质量比，这里，m 和 ρ 分别为机翼的质量和来流密度；$r_\alpha^2 = 1.036$ 为无量纲回转半径。支撑扭簧距前缘无量纲距离为 a。C_m 为非定常力矩系数，是指偏离定常力矩系数的脉动量，因此本书研究事先排除了静气动弹性变形的影响，系统稳定性的改变将完全是由刚度的释放和所施加的阻尼造成的。同样地按照 4.2 节中介绍的方法开展耦合时域仿真，并在状态空间按照 4.3 节中的步骤建立耦合分析模型，开展相关参数的耦合分析。

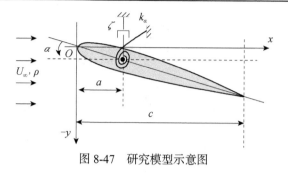

图 8-47　研究模型示意图

8.6.2　控制机理分析

研究选择的抖振流动状态为 $Ma=0.7$、$\alpha = 5.5°$、$Re=3\times10^6$，即抖振载荷最大的状态。因此，可以预见，当本书的研究策略对 5.5°迎角有效时，实现其他抖振状态的控制将显得更容易。

首先在 $\mu = 200$、$a = 0.15$ 时，研究释放俯仰刚度之后，结构固有频率和阻尼对系统稳定性的影响。当 $\zeta = 0.0$ 时，如图 8-48（a）所示，基于降阶模型分析发现，系统特征值分为 A 和 B 两分支，并且随着结构频率的变化，A、B 分支的模态属性发生变化，即发生模态跃迁现象。B 分支属性在 $k_\alpha = 0.22$ 时由气动模态变为结构模态，并且在 $k_\alpha = 0.22 \sim 0.50$ 范围内，B 分支代表的结构模态是失稳的（实部大于0），发生模态耦合颤振，即发生锁频现象。该现象的特性及其诱发机理在 6.3 节中做了较详细的研究。

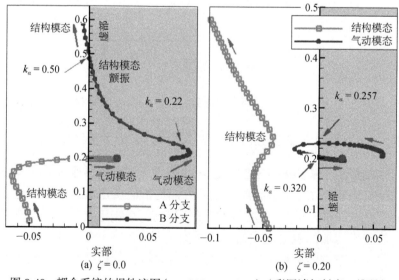

图 8-48　耦合系统的根轨迹图（$\mu = 200$、$a = 0.15$）（彩图请扫封底二维码）

如图 8-48（b）所示，当 $\zeta = 0.20$ 时，模型分析发现，特征值轨迹呈现出两簇独立的分支，分别对应两次穿越虚轴的气动模态（图中圆圈轨迹）和左半平面的结构模态（图中方形轨迹），没有发现模态跃迁现象。随着参数的改变，两个模态发生先吸引后排斥的现象。由于流固耦合造成的模态吸引这一关键现象的出现，才使得结构模态通过降低其自身的稳定性余量，将气动模态从右半平面拉进左半平面，从而使得结构和流动两个模态分支同时稳定，抖振消失。

进一步地，图 8-49 给出了图 8-48（b）状态下，气动模态的特征值实部随结构频率的变化关系。图 8-50 给出了 CFD/CSD 计算得到的升力系数和俯仰位移响应以及频率特性随结构频率的变化。发现在 $k_\alpha = 0.257 \sim 0.320$ 范围内（CFD/CSD 预测范围为 $k_\alpha = 0.26 \sim 0.31$），气动模态特征值具有负的实部，同时结构模态也是稳定的，表明流动是稳定的定常流动，并且结构时域响应的幅值几乎为零。因此，在该结构参数范围内，整个系统都是稳定的，既不会发生颤振失稳也不会发生抖振载荷下的强迫响应。从图 8-49 中还可以看出，在 $0.238 < k_\alpha < 0.257$ 和 $0.320 < k_\alpha < 0.560$ 范围内，气动模态分支虽然是不稳定的，但是其特征值实部的值小于非耦合流动特征值的实部（图中虚线），即抖振流动的非定常特性（图 8-50（a）中升力系数幅值）弱于静止翼型下的抖振流动。并且此时结构模态是稳定的，因此从图 8-50（b）和图 8-50（c）中可以看出，系统表现为抖振流动下的强迫响应，即抖振频率下的小幅振荡。

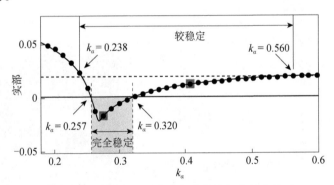

图 8-49 阻尼 $\zeta = 0.20$ 时的气动模态特征值实部随结构频率的变化（$\mu = 200$、$a = 0.15$）

本节选取了两个典型状态（图 8-49 中正方形所示）来研究系统具体的响应细节。图 8-51（a）中给出了 $k_\alpha = 0.28$ 时，CFD/CSD 时域仿真的响应历程和 $t = 150 \sim 250$ 时流场压力云图的 RMS 分布。发现虽然升力系数和结构位移响应初始阶段是振荡的，但最终收敛，并趋于定值，RMS 值几乎为零，表明此时的流场也趋于定常流动。图 8-51（b）给出了 $k_\alpha = 0.40$ 时系统响应历程和流场压力云图的 RMS 值，可以看出，响应虽然起初有衰减趋势，但最终趋于极限环振荡。升力系数响应幅值略低于静止翼型的抖振幅值，结构位移远低于结构模态失稳时的自激颤振情形，该结果与前述的模型分析结论一致。

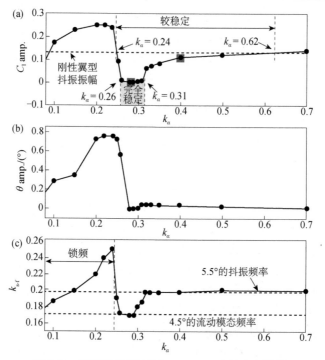

图 8-50　不同结构频率下 CFD/CSD 时域响应结果

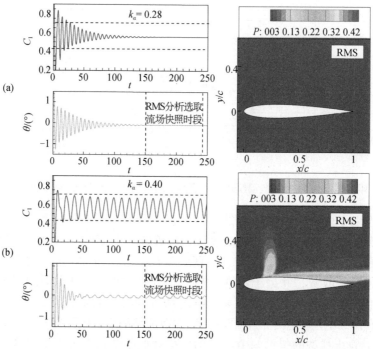

图 8-51　不同结构频率下系统响应及采样流场压力分布的 RMS 分析（彩图请扫封底二维码）

8.6.3　参数影响研究

能否实现不稳定流动的控制，与施加的阻尼大小密切相关。图 8-52 研究了不同阻尼下，降阶模型得到的气动模态特征值实部随结构频率的变化关系。研究发现，当 $0 < \zeta < 0.18$ 时，系统特征值依然表现出模态跃迁及结构模态失稳颤振，结构阻尼越大颤振区域越小。当 $\zeta > 0.266$ 时，结构阻尼太大，结构模态离气动模态较远，难以对气动模态形成足够的吸引而使其进入左半平面，因此，气动模态依然是不稳定的，系统表现为抖振流动下的强迫响应。而当 $0.18 < \zeta < 0.266$ 时，流动特征值会在某一段结构固有频率范围内进入稳定的左半平面。此时，耦合系统完全稳定，既不会发生颤振失稳也不会发生抖振载荷下的强迫响应。因此，能够诱导的稳定区域与阻尼比密切相关，阻尼比越大，稳定的结构频率区间越小。最稳定状态在 $k_\alpha = 0.28$ 时获得。

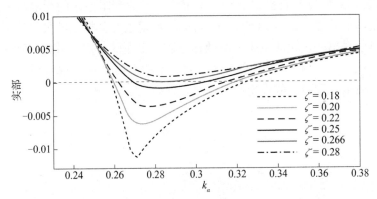

图 8-52　不同阻尼下气动模态特征值实部随结构频率的变化（彩图请扫封底二维码）

以上研究在 $\mu = 200$ 下开展，接下来进一步研究质量比的影响，μ 分别为 60、100、200、350 和 500。如图 8-53 所示，阻尼和结构频率形成的倒 "U" 区即表示系统完全稳定的参数组合，随着质量比的增大，该稳定区域迅速减小。当质量比较小时，系统实现完全稳定所需的最小阻尼较大，但是稳定的结构频率区域也比较宽；随着质量比的增大，虽然系统所需的最小阻尼减小，但是稳定的结构频率范围较窄；进一步当 $\mu > 550$ 时，并不存在有效的参数组合使系统完全稳定。这是由于，质量比较小时，系统刚度较小，结构模态和气动模态的耦合效应和模态跃迁效应较强，需要施加较大的阻尼才能使两模态分离，而一旦气动模态分离，其左半平面的特征值也较多（稳定区域较大）。反之，系统刚度大，需要较小的阻尼即可使耦合模态分离，同时由于较弱的耦合效应，左半平面的特征值也较少（稳定区域小）。而当质量比足够大时（$\mu > 550$），系统刚度足够大，气动模态始终处于右半平面，系统表现为抖振流动下的强迫响应。

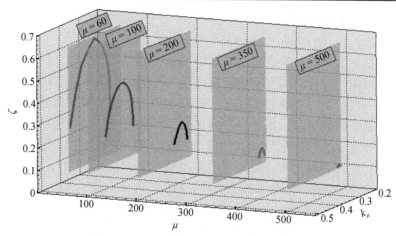

图 8-53 系统完全稳定区域随质量比的关系

借鉴涡致振动中的研究成果[241]，本书将质量比和阻尼比的影响统一成一个参数——质量阻尼参数。图 8-54 给出了根据质量-阻尼参数标定的失稳边界随质量比的变化，可以看出，按照质量阻尼参数标定后，潜在的稳定区域集中到一个较窄的区域，即 $20 < \mu \cdot \zeta < 60$，而不像独立参数表示的那样分散。这也说明，要得到稳定的系统，质量比和阻尼的设定必须满足上述要求。

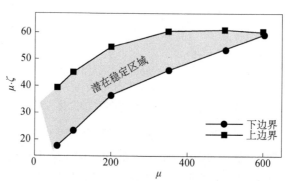

图 8-54 稳定区域的质量-阻尼参数随质量比的关系

本节研究表明，通过释放结构俯仰自由度并施加一定的阻尼，可以提高流动系统的稳定性，进而实现不稳定流动的抑制。这种控制方式要求结构刚度（固有频率和质量比）必须在一定的范围内。对于本算例，质量比必须小于 550，结构无量纲减缩频率需在 0.1～0.8 范围内。另外，结构阻尼既不能太大，也不能太小。阻尼太大，两特征值距离远，耦合效应减弱；阻尼太小，结构模态会由于耦合效应失稳。质量-阻尼参数必须在合适的范围内，本书中需满足 $20 < \mu \cdot \zeta < 60$ 才有可能诱发稳定的参数空间。

该方法的本质是充分利用流固耦合效应，通过降低结构模态的稳定性余量，诱导气动模态特征值从不稳定相空间移动到稳定相空间。

8.7 本 章 小 结

本章首先对当前跨声速抖振的被动和主动控制方法进行了简要的综述，然后开展了四种主动或被动控制。主动控制采用尾缘舵面的作动方式，分别通过 CFD 数值仿真和降阶模型方法开展控制律的设计。被动反馈控制通过降阶模型实现设计，并通过 CFD 仿真校核。

基于 CFD 的主动控制包括开环控制和闭环控制，控制律都是通过经验给定。开环控制中舵面简谐振荡，本书重点研究了振荡幅值、频率和初始相角的影响，最佳振荡频率为 1.6 倍抖振频率，最佳相角约为 290°，可以使抖振载荷降低 70%左右。闭环控制采用升力系数的延迟反馈，最佳延迟相角约为 310°，能够实现抖振的完全抑制。

基于降阶模型的闭环控制采用升力和力矩系数的输出反馈，通过两者的不同线性比例组合实现相角调节，较延迟控制更容易实现系统的稳定。控制律的设计分别通过极点配置和 LQR 方法实现。从控制效果看，两种方法得到的控制律都能实现抖振的完全抑制，并且控制律非常接近，本质上两者都实现的是次优控制，相角分别为 290°和 300°。

从上述几种控制方式的最佳工作状态和系统的开环伯德图，可以总结出系统的最佳控制参数组合，即最佳控制效果在反共振点得到。反共振频率决定了开环控制的最优作动频率，而反共振频率对应的相角则决定了相关开环和闭环控制的最佳相角。因此，反共振及其相关参数是不稳定流动最优控制律设计的重要指导。

除了纯粹的流动控制，本书还尝试了基于流固耦合反馈的被动控制，并取得了满意的控制效果。该方案根据降阶模型分析得到的根轨迹分布特性，设计相应的结构参数组合，通过流固耦合反馈实现抖振流动的抑制。从控制角度看，该控制过程并不需要外界的能量输入，因此，这是一种新颖的被动反馈控制。另外，从流固耦合角度看，本研究通过在不稳定流动中释放结构刚度，不仅没有加剧系统的进一步失稳，反而使系统更稳定，实现了不稳定流动的控制，对流动控制研究意义重大。

参 考 文 献

[1] Gulcat U. Fundamentals of Modern Unsteady Aerodynamics[M]. Berlin：Springer，2010.

[2] Bendiksen O O. Review of unsteady transonic aerodynamics：Theory and applications[J]. Progress in Aerospace Sciences，2011，47（2）：135-167.

[3] Humphreys M. Pressure pulsations on rigid airfoils at transonic speeds，NACA RM L51I12[R]. Washington：NACA，1951.

[4] Yates E C. Measured and Calculated Subsonic and Transonic Flutter Characteristics of a 45 Sweptback Wing Planform in Air and in Freon-12 in the Langley Transonic Dynamics Tunnel[M]. Washington：National Aeronautics and Space Administration，1963.

[5] Tijdeman H. Investigations of the transonic flow around oscillating airfoils[R]. NLR-TR 77090 U，1977.

[6] Shang J S. Three decades of accomplishments in computational fluid dynamics[J]. Progress in Aerospace Sciences，2004，40（3）：173-197.

[7] 阎超，屈峰，赵雅甜，等. 航空航天 CFD 物理模型和计算方法的述评与挑战[J]. 空气动力学学报，2020，38（5）：829-857.

[8] 周铸，黄江涛，黄勇，等. CFD 技术在航空工程领域的应用、挑战与发展[J]. 航空学报，2017，38（3）：6-30.

[9] 李素循. 激波与边界层主导的复杂流动[M]. 北京：科学出版社，2007.

[10] Dowell E. Some recent advances in nonlinear aeroelasticity：fluid-structure interaction in the 21st century[C]//proceedings of the 51st AIAA/ASME/ASCE/AHS/ASC Structures，Structural Dynamics，and Materials Conference 18th AIAA/ASME/AHS Adaptive Structures Conference 12th，F，2010.

[11] Dowell E H，Crawley E F，Curtiss H C，et al. A Modern Course in Aeroelasticity[M]. Berlin：Springer，2005.

[12] 涂国华. 超音速边界层稳定性及其高阶激波捕捉格式研究[D]. 绵阳：中国空气动力研究与发展中心，2008.

[13] Johnsen E，Larsson J，Bhagatwala A V，et al. Assessment of high-resolution methods for numerical simulations of compressible turbulence with shock waves[J]. Journal of Computational Physics，2010，229（4）：1213-1237.

[14] 赵云飞，刘伟，刘绪，等. 非定常运动下的激波/边界层干扰分离特性研究[J]. 空气动力学学报，2014，32（5）：610-617.

[15] Landon R. NACA 0012 oscillatory and transient pitching[R]. Aircraft Research Association Ltd Bedford（United Kingdom），2000.

[16] Edwards J W，Malone J B. Current status of computational methods for transonic unsteady aerodynamics and aeroelastic applications[J]. Computing Systems in Engineering，1992，3（5）：545-569.

[17] Edwards J R. Numerical simulations of shock/boundary layer interactions using time-dependent modeling techniques：A survey of recent results[J]. Progress in Aerospace Sciences，2008，44（6）：447-465.

[18] Pearcey H H. A method for the prediction of the onset of buffeting and other separation effects from wind tunnel tests on rigid models[R]. Advisory Group for Aeronautical Research and Development Paris（France），1958.

[19] McDevitt J B，Okuno A F. Static and Dynamic Pressure Measurements on a NACA 0012 Airfoil in the Ames High Reynolds Number Facility[M]. National Aeronautics and Space Administration，Scientific and Technical，1985.

[20] Lee B H K. Oscillatory shock motion caused by transonic shock boundary-layer interaction[J]. AIAA Journal，1990，28（5）：941-944.

[21] Deck S. Numerical simulation of transonic buffet over a supercritical airfoil[J]. AIAA Journal，2005，43（7）：1556-1566.

[22] Jacquin L，Molton P，Deck S，et al. Experimental study of shock oscillation over a transonic supercritical profile[J]. AIAA Journal，2009，47（9）：1985-1994.

[23] Hartmann A，Klaas M，Schroeder W. Time-resolved stereo PIV measurements of shock-boundary layer interaction on a supercritical airfoil[J]. Experiments in Fluids，2012，52（3）：591-604.

[24] Doerffer P，Hirsch C，Dussauge J P，et al. NACA0012 with Aileron（Marianna Braza）// Unsteady Effects of Shock Wave Induced Separation[M]. Berlin：Springer，2010：101-131.

[25] Chen L W，Xu C Y，Lu X Y. Numerical investigation of the compressible flow past an aerofoil[J]. Journal of Fluid Mechanics，2010，643：97-126.

[26] 牟让科，杨永年，叶正寅. 超临界翼型的跨音速抖振特性[J]. 计算物理，2001，（5）：477-480.

[27] 郭同庆，董璐，陆志良. 跨声速机翼抖振初始迎角 N-S 方程定常计算分析[J]. 航空学报，2008，（4）：840-844.

[28] 任旭东，赵子杰，高超，等. NACA0012 翼型抖振现象实验研究[J]. 工程力学，2015，32（5）：236-242.

[29] 王玉玲，高超，王娜. 雷诺数效应对翼型抖振特性的影响[J]. 实验力学，2016，31（3）：386-392.

[30] Hartmann A，Feldhusen A，Schroeder W. On the interaction of shock waves and sound waves in

transonic buffet flow[J]. Physics of Fluids, 2013, 25（2）: 147-196.

[31] Lee B H K, Murty H, Jiang H. Role of Kutta waves on oscillatory shock motion on an airfoil[J]. AIAA Journal, 1994, 32（4）: 789-796.

[32] Iovnovich M, Raveh D E. Reynolds-averaged Navier-Stokes study of the shock-buffet instability mechanism[J]. AIAA Journal, 2012, 50（4）: 880-890.

[33] Garnier E, Deck S. Large-eddy simulation of transonic buffet over a supercritical airfoil// Turbulence and Interactions[M]. Berlin: Springer, 2010: 135-141.

[34] Wollblad C, Davidson L, Eriksson L E. Large eddy simulation of transonic flow with shock wave/turbulent boundary layer interaction[J]. AIAA Journal, 2006, 44（10）: 2340-2353.

[35] Crouch J D, Garbaruk A, Magidov D. Predicting the onset of flow unsteadiness based on global instability[J]. Journal of Computational Physics, 2007, 224（2）: 924-940.

[36] Crouch J D, Garbaruk A, Magidov D, et al. Origin of transonic buffet on aerofoils[J]. Journal of Fluid Mechanics, 2009, 628: 357-369.

[37] Sartor F, Mettot C, Bur R, et al. Unsteadiness in transonic shock-wave/boundary-layer interactions: experimental investigation and global stability analysis[J]. Journal of Fluid Mechanics, 2015, 781: 550-577.

[38] Sartor F, Mettot C, Sipp D. Stability, receptivity, and sensitivity analyses of buffeting transonic flow over a profile[J]. AIAA Journal, 2015, 53（7）: 1980-1993.

[39] Gao C Q, Zhang W W, Li X T, et al. Mechanism of frequency lock-in in transonic buffeting flow[J]. Journal of Fluid Mechanics, 2017, 818: 528-561.

[40] Dang H, Yang Z. Buffet onset prediction and flow field around a buffeting airfoil at transonic speeds[C]//proceedings of the 51st AIAA/ASME/ASCE/AHS/ASC Structures, Structural Dynamics, and Materials Conference 18th AIAA/ASME/AHS Adaptive Structures Conference 12th, F, 2010.

[41] Obert E. Aerodynamic Design of Transport Aircraft[M]. IOS Press, 2009.

[42] Berard A, Isikveren A T. Conceptual design prediction of the buffet envelope of transport aircraft[J]. Journal of Aircraft, 2009, 46（5）: 1593-1606.

[43] Caruana D, Mignosi A, Correge M, et al. Buffet and buffeting control in transonic flow[J]. Aerospace Science and Technology, 2005, 9（7）: 605-616.

[44] 张伟伟, 高传强, 叶正寅. 机翼跨声速抖振研究进展[J]. 航空学报, 2015, 36（4）: 1056-1075.

[45] Lee B H K. Self-sustained shock oscillations on airfoils at transonic speeds[J]. Progress in Aerospace Sciences, 2001, 37（2）: 147-196.

[46] Giannelis N F, Vio G A, Levinski O. A review of recent developments in the understanding of transonic shock buffet[J]. Progress in Aerospace Sciences, 2017, 92: 39-84.

[47] Badcock K J, Timme S, Marques S, et al. Transonic aeroelastic simulation for instability searches and uncertainty analysis[J]. Progress in Aerospace Sciences, 2011, 47（5）: 392-423.

[48] 叶正寅，张伟伟，史爱明. 流固耦合力学基础及其应用[M]. 哈尔滨：哈尔滨工业大学出版社，2010.

[49] Yates E. C. Agard standard aeroelastic configurations for dynamic response. 1：Wing 445. 6[R]. NASA，1988.

[50] Isogai K. Transonic dip mechanism of flutter of a sweptback wing [J]. AIAA Journal，1981，19（9）：1240-1242.

[51] Silva W A，Chwalowski P，Perry B. Evaluation of linear，inviscid，viscous，and reduced-order modelling aeroelastic solutions of the AGARD 445.6 wing using root locus analysis[J]. International Journal of Computational Fluid Dynamics，2014，28（3-4）：122-139.

[52] Lambourne N. Control-surface buzz[R]. NASA Report，1962.

[53] Bendiksen O O. Nonclassical aileron buzz in transonic flow[C]//Proceedings of the 34th Structures，Structural Dynamics and Materials Conference，F，1993.

[54] Gao C Q，Zhang W W，Ye Z Y. A new viewpoint on the mechanism of transonic single-degree-of-freedom flutter[J]. Aerospace Science and Technology，2016，52：144-156.

[55] Zhang W W，Gao C Q，Liu Y L，et al. The interaction between flutter and buffet in transonic flow[J]. Nonlinear Dynamics，2015，82（4）：1851-1865.

[56] Hartmann A，Klaas M，Schröder W. Coupled airfoil heave/pitch oscillations at buffet flow[J]. AIAA Journal，2013，51（7）：1542-1552.

[57] Raveh D E，Dowell E H. Aeroelastic responses of elastically suspended airfoil systems in transonic buffeting flows[J]. AIAA Journal，2014，52（5）：926-934.

[58] Quan J G，Zhang W W，Gao C Q，et al. Characteristic analysis of lock-in for an elastically suspended airfoil in transonic buffet flow[J]. Chinese Journal of Aeronautics，2016，29（1）：129-143.

[59] Schewe G，Mai H，Dietz G. Nonlinear effects in transonic flutter with emphasis on manifestations of limit cycle oscillations[J]. Journal of Fluids and Structures，2003，18（1）：3-22.

[60] Rivera J J，Dansberry B，Bennett R，et al. NACA 0012 benchmark model experimental flutter results with unsteadypressure distributions[C]//proceedings of the 33rd Structures，Structural Dynamics and Materials Conference，F，1992.

[61] Edwards J，Schuster D，Spain C，et al. MAVRIC flutter model transonic limit cycle oscillation test[C]//proceedings of the 19th AIAA Applied Aerodynamics Conference，F，2001.

[62] 钟德均. 飞机方向舵嗡鸣排除飞行研究[J]. 宁夏工学院学报，1996，（S1）：207-210.

[63] Erickson A L，Stephenson J D. A suggested method of analyzing for transonic flutter of control surfaces based on available experimental evidence[R]. NASA，1947.

[64] Ashley H. Role of shocks in sub-transonic flutter phenomenon[J]. Journal of Aircraft，1980，17（3）：187-197.

[65] Phillips W H，Adams J J. Low-speed tests of a model simulating the phenomenon of control-surface buzz[R]. NASA，1950.

[66] Lang J. A model for the dynamics of a separation bubble used to analyze control-surface buzz and dynamic stall[C]//Proceedings of the 8th Fluid and PlasmaDynamics Conference，F，1975.

[67] Steger J L，Bailey H E. Calculation of transonic aileron buzz[J]. AIAA Journal，1980，18（3）：249-255.

[68] Obayashi S，Guruswamy G P. Navier-Stokes computations for oscillating control surfaces[J]. Journal of Aircraft，1994，31（3）：631-636.

[69] Yang G W，Obayashi S，Nakamichi J. Aileron buzz simulation using an implicit multiblock aeroelastic solver[J]. Journal of Aircraft，2003，40（3）：580-589.

[70] Rampurawala A A，Badcock K J. Evaluation of a simplified grid treatment for oscillating trailing-edge control surfaces[J]. Journal of Aircraft，2007，44（4）：1177-1188.

[71] 代捷，刘千刚. 跨声速操纵面嗡鸣的数值研究[J]. 空气动力学学报，1997，（3）：366-371.

[72] 史爱明，杨永年，叶正寅. 跨音速单自由度非线性颤振——嗡鸣的数值分析[J]. 西北工业大学学报，2004，（4）：525-528.

[73] 张伟伟，叶正寅，史爱明，等. 基于 Euler 方程的 B 型和 C 型嗡鸣特性数值研究[J]. 振动工程学报，2005，（4）：458-464.

[74] 张伟伟，叶正寅，杨青，等. 基于 ROM 技术的阵风响应分析方法[J]. 力学学报，2008，（5）：593-598.

[75] 杨超，黄超，吴志刚，等. 气动伺服弹性研究的进展与挑战[J]. 航空学报，2015，36（4）：1011-1033.

[76] Zaide A，Raveh D. Numerical simulation and reduced-order modeling of airfoil gust response[J]. AIAA Journal，2006，44（8）：1826-1834.

[77] Raveh D E. Numerical study of an oscillating airfoil in transonic buffeting flows[J]. AIAA Journal，2009，47（3）：505-515.

[78] Raveh D E，Dowell E H. Frequency lock-in phenomenon for oscillating airfoils in buffeting flows[J]. Journal of Fluids and Structures，2011，27（1）：89-104.

[79] Giannelis N F，Vio G A. Investigation of frequency lock-in phenomena on a supercritical aerofoil in the presence of transonic shock oscillations[C]//Proceedings of the Proceedings of the 17th International Forum on Aeroelasticity and Structural Dynamics，Como，Italy，F，2017.

[80] Dietz G，Schewe G，Mai H. Amplification and amplitude limitation of heave/pitch limit-cycle oscillations close to the transonic dip[J]. Journal of Fluids and Structures，2006，22（4）：505-527.

[81] Dowell E H，Hall K C. Modeling of fluid-structure interaction[J]. Annual Review of Fluid Mechanics，2001，33（1）：445-490.

[82] Lucia D J，Beran P S，Silva W A. Reduced-order modeling：new approaches for computational physics[J]. Progress in Aerospace Sciences，2004，40（1-2）：51-117.

[83] 张伟伟，叶正寅. 基于 CFD 的气动力建模及其在气动弹性中的应用[J]. 力学进展，2008，（1）：77-86.

[84] 杨超，吴志刚，万志强，等. 飞行器气动弹性原理[M]. 北京：北京航空航天大学出版社，2011.

[85] Zhang W W, Ye Z Y. Effect of control surface on airfoil flutter in transonic flow[J]. Acta Astronautica, 2010, 66（7-8）: 999-1007.

[86] Rao V M, Behal A, Marzocca P, et al. Adaptive aeroelastic vibration suppression of a supersonic airfoil with flap[J]. Aerospace Science and Technology, 2006, 10（4）: 309-315.

[87] 胡海岩, 赵永辉, 黄锐. 飞机结构气动弹性分析与控制研究[J]. 力学学报, 2016, 48（1）: 1-27.

[88] Yang Z J, Huang R, Zhao Y H, et al. Design of an active disturbance rejection control for transonic flutter suppression[J]. Journal of Guidance Control and Dynamics, 2017, 40（11）: 2905-2916.

[89] Karpel M. Reduced-order models for integrated aeroservoelastic optimization[J]. Journal of Aircraft, 1999, 36（1）: 146-155.

[90] Roizner F, Karpel M. Aeroservoelastic stability analysis using response-based parametric flutter margins[C]//proceedings of the Proceedings of the International Forum on Aeroelasticity and Structural Dynamics, AIAA, Como, Italy, F, 2017.

[91] Presente E, Friedmann P. Aeroservoelasticity in compressible flow and its scaling laws[C]// proceedings of the 39th AIAA/ASME/ASCE/AHS/ASC Structures, Structural Dynamics, and Materials Conference and Exhibit, F, 1998.

[92] Cheng C, Li S M, Wang Y, et al. Force and displacement transmissibility of a quasi-zero stiffness vibration isolator with geometric nonlinear damping[J]. Nonlinear Dynamics, 2017, 87（4）: 2267-2279.

[93] Zhou J X, Xiao Q Y, Xu D L, et al. A novel quasi-zero-stiffness strut and its applications in six-degree-of-freedom vibration isolation platform[J]. Journal of Sound and Vibration, 2017, 394: 59-74.

[94] 梁力, 杨智春, 欧阳炎, 等. 垂尾抖振主动控制的压电作动器布局优化[J]. 航空学报, 2016, 37（10）: 3035-3043.

[95] 张利国, 张嘉钟, 徐敏强, 等. 大型飞机机载设备隔振空气弹簧垂向刚度研究[J]. 机械设计与制造, 2009,（12）: 159-161.

[96] 董学武. 超大跨径斜拉桥斜拉索振动特性及减振措施研究[D]. 上海: 同济大学, 2007.

[97] Joslin R D, Miller D N. Fundamentals and Applications of Modern Flow Control[M]. American Institute of Aeronautics and Astronautics, 2009.

[98] Kim J, Bewley T R. A linear systems approach to flow control[J]. Annual Review of Fluid Mechanics, 2006, 39（1）: 383-417.

[99] Brunton S L, Noack B R. Closed-loop turbulence control: progress and challenges[J]. Applied Mechanics Reviews, 2015, 67（5）: 48.

[100] Barakos G, Drikakis D. Numerical simulation of transonic buffet flows using various turbulence closures[J]. International Journal of Heat and Fluid Flow, 2000, 21（5）: 620-626.

[101] Goncalves E, Houdeville R. Turbulence model and numerical scheme assessment for buffet

computations[J]. International Journal for Numerical Methods in Fluids, 2004, 46（11）: 1127-1152.

[102] Thiery M, Coustols E. Numerical prediction of shock induced oscillations over a 2D airfoil: Influence of turbulence modelling and test section walls[J]. International Journal of Heat and Fluid Flow, 2006, 27（4）: 661-670.

[103] Kourta A, Petit G, Courty J C, et al. Buffeting in transonic flow prediction using time-dependent turbulence model[J]. International Journal for Numerical Methods in Fluids, 2005, 49（2）: 171-182.

[104] Chung I, Lee D, Reu T. Prediction of transonic buffet onset for an airfoil with shock induced separation bubble using steady Navier-Stokes solver[C]//Proceedings of the 20th AIAA Applied Aerodynamics Conference, F, 2002.

[105] Xiao Q, Tsai H M, Liu F. Numerical study of transonic buffet on a supercritical airfoil[J]. AIAA Journal, 2006, 44（3）: 620-628.

[106] 董璐. 飞机抖振特性 N-S 方程计算[D]. 南京: 南京航空航天大学, 2007.

[107] 陈立为. 具有激波和湍流旋涡分离的可压缩绕流数值研究[D]. 合肥: 中国科学技术大学, 2010.

[108] Huang J B, Xiao Z X, Liu J, et al. Simulation of shock wave buffet and its suppression on an OAT15A supercritical airfoil by IDDES[J]. Science China-Physics Mechanics & Astronomy, 2012, 55（2）: 260-271.

[109] Grossi F, Braza M, Hoarau Y. Delayed Detached-Eddy simulation of the transonic flow around a supercritical airfoil in the buffet regime//Progress in Hybrid RANS-LES Modelling[M]. Berlin: Springer, 2012: 369-378.

[110] Zauner M, De Tullio N, Sandham N D. Direct numerical simulations of transonic flow around an airfoil at moderate Reynolds numbers[J]. AIAA Journal, 2019, 57（2）: 597-607.

[111] Garnier E, Sagaut P, Deville M. Large eddy simulation of shock/boundary-layer interaction[J]. AIAA Journal, 2002, 40（10）: 1935-1944.

[112] Sengupta T K, Bhole A, Sreejith N A. Direct numerical simulation of 2D transonic flows around airfoils[J]. Computers & Fluids, 2013, 88: 19-37.

[113] Steimle P C, Karhoff D C, Schroder W. Unsteady transonic flow over a transport-type swept wing[J]. AIAA Journal, 2012, 50（2）: 399-415.

[114] Dandois J. Experimental study of transonic buffet phenomenon on a 3D swept wing[J]. Physics of Fluids, 2016, 28（1）: 22.

[115] Koike S, Ueno M, Nakakita K, et al. Unsteady pressure measurement of transonic buffet on NASA common research model[C]//Proceedings of the 34th AIAA Applied Aerodynamics Conference, F, 2016.

[116] Koga S, Kohzai M, Ueno M, et al. Analysis of NASA common research model dynamic data in JAXA wind tunnel tests[C]//Proceedings of the 51st AIAA Aerospace Sciences Meeting

Including the New Horizons Forum and Aerospace Exposition，F，2013.

[117] Masini L，Timme S，Peace A J. Scale-resolving simulations of a civil aircraft wing transonic shock-buffet experiment[J]. AIAA Journal，2020，58（10）：4322-4338.

[118] Sugioka Y，Koike S，Nakakita K，et al. Experimental analysis of transonic buffet on a 3D swept wing using fast-response pressure-sensitive paint [J]. Experiments in Fluids，2018，59（6）：1-20.

[119] Brunet V，Deck S. Zonal-detached eddy simulation of transonic buffet on a civil aircraft type configuration//Advances in Hybrid RANS-LES Modelling[M]. Berlin：Springer，2008：182-191.

[120] Grossi F，Braza M，Hoarau Y. Prediction of transonic buffet by delayed detached-eddy simulation[J]. AIAA Journal，2014，52（10）：2300-2312.

[121] Sartor F，Timme S. Delayed detached-eddy simulation of shock buffet on half wing-body configuration[J]. AIAA Journal，2017，55（4）：1230-1240.

[122] Sartor F，Timme S. Mach number effects on buffeting flow on a half wing-body configuration[J]. International Journal of Numerical Methods for Heat & Fluid Flow，2016，26（7）：2066-2080.

[123] Timme S. Global instability of wing shock-buffet onset[J]. Journal of Fluid Mechanics，2020，885.

[124] Timme S，Thormann R. Towards three-dimensional global stability analysis of transonic shock buffet[C]//Proceedings of the AIAA Atmospheric Flight Mechanics Conference，F，2016.

[125] Iovnovich M，Raveh D E. Numerical study of shock buffet on three-dimensional wings[J]. AIAA Journal，2015，53（2）：449-463.

[126] Paladini E，Beneddine S，Dandois J，et al. Transonic buffet instability：From two-dimensional airfoils to three-dimensional swept wings[J]. Physical Review Fluids，2019，4（10）：103906.

[127] Crouch J D，Garbaruk A，Strelets M. Global instability in the onset of transonic-wing buffet[J]. Journal of Fluid Mechanics，2019，881：3-22.

[128] Kojima Y，Yeh C A，Taira K，et al. Resolvent analysis on the origin of two-dimensional transonic buffet[J]. Journal of Fluid Mechanics，2020，885.

[129] Ohmichi Y，Ishida T，Hashimoto A. Modal decomposition analysis of three-dimensional transonic buffet phenomenon on a swept wing[J]. AIAA Journal，2018，56（10）：3938-3950.

[130] Ohmichi Y，Ishida T，Hashimoto A. Numerical investigation of transonic buffet on a three-dimensional wing using incremental mode decomposition[C]//Proceedings of the 55th AIAA Aerospace Sciences Meeting，F，2017.

[131] Paladini E，Dandois J，Sipp D，et al. Analysis and comparison of transonic buffet phenomenon over several three-dimensional wings[J]. AIAA Journal，2019，57（1）：379-396.

[132] Voevodin A V，Petrov D A，Petrov A S，et al. Numerical studies of features of wing flow in the buffeting mode[J]. Technical Physics Letters，2020，46（7）：633-636.

[133] Illi S，Fingskes C，Lutz T，et al. Transonic tail buffet simulations for the common research

model[C]//Proceedings of the 31st AIAA Applied Aerodynamics Conference, F, 2013.

[134] Paladini E, Marquet O, Sipp D, et al. Various approaches to determine active regions in an unstable global mode: application to transonic buffet[J]. Journal of Fluid Mechanics, 2019, 881: 617-647.

[135] Spalart P, Allmaras S. A one-equation turbulence model for aerodynamic flows[C]//Proceedings of the 30th Aerospace Sciences Meeting and Exhibit, F, 1992.

[136] Menter F R. 2-equation eddy-viscosity turbulence models for engineering applications[J]. AIAA Journal, 1994, 32 (8): 1598-1605.

[137] Vassberg J, Dehaan M, Rivers M, et al. Development of a common research model for applied CFD validation studies[C]//Proceedings of the 26th AIAA applied aerodynamics conference, F, 2008.

[138] Levy D, Laflin K, Vassberg J, et al. Summary of data from the fifth AIAA CFD drag prediction workshop[C]//Proceedings of the 51st AIAA Aerospace Sciences Meeting Including the New Horizons Forum and Aerospace Exposition, F, 2013.

[139] Ishida T, Hashimoto A, Ohmichi Y, et al. Transonic buffet simulation over NASA-CRM by unsteady-FaSTAR code[C]//Proceedings of the 55th AIAA Aerospace Sciences Meeting, F, 2017.

[140] Tang D M, Kholodar D, Juang J N, et al. System identification and proper orthogonal decomposition method applied to unsteady aerodynamics[J]. AIAA Journal, 2001, 39 (8): 1569-1576.

[141] Couplet M, Basdevant C, Sagaut P. Calibrated reduced-order POD-Galerkin system for fluid flow modelling[J]. Journal of Computational Physics, 2005, 207 (1): 192-220.

[142] Mokhasi P, Rempfer D, Kandala S. Predictive flow-field estimation[J]. Physica D: Nonlinear Phenomena, 2009, 238 (3): 290-308.

[143] Rowley C W. Model reduction for fluids, using balanced proper orthogonal decomposition[J]. International Journal of Bifurcation and Chaos, 2005, 15 (3): 997-1013.

[144] Everson R, Sirovich L. Karhunen-loeve procedure for gappy date[J]. Journal of the Optical Society of America a-Optics Image Science and Vision, 1995, 12 (8): 1657-1664.

[145] Li J, Zhang W. The performance of proper orthogonal decomposition in discontinuous flows[J]. Theoretical Applied Mechanics Letters, 2016, 6 (5): 236-243.

[146] Schmid P J. Dynamic mode decomposition of numerical and experimental data[J]. Journal of Fluid Mechanics, 2010, 656: 5-28.

[147] Rowley C W, Mezic I, Bagheri S, et al. Spectral analysis of nonlinear flows[J]. Journal of Fluid Mechanics, 2009, 641: 115-127.

[148] He G S, Wang J J, Pan C. Initial growth of a disturbance in a boundary layer influenced by a circular cylinder wake[J]. Journal of Fluid Mechanics, 2013, 718: 116-130.

[149] Sun C, Tian T, Zhu X C, et al. Input-output reduced-order modeling of unsteady flow over an

airfoil at a high angle of attack based on dynamic mode decomposition with control[J]. International Journal of Heat and Fluid Flow, 2020, 86（5）: 108727.

[150] 蔡金狮. 飞行器系统辨识学[M]. 北京: 国防工业出版社, 2003.

[151] Silva W. Identification of nonlinear aeroelastic systems based on the Volterra theory: Progress and opportunities[J]. Nonlinear Dynamics, 2005, 39（1-2）: 25-62.

[152] Marzocca P, Silva W A, Librescu L. Nonlinear open-/closed-loop aeroelastic analysis of airfoils via Volterra series[J]. AIAA Journal, 2004, 42（4）: 673-686.

[153] Raveh D E. Reduced-order models for nonlinear unsteady aerodynamics[J]. AIAA Journal, 2001, 39（8）: 1417-1429.

[154] Gao C Q, Zhang W W, Ye Z Y. Reduction of transonic buffet onset for a wing with activated elasticity[J]. Aerospace Science and Technology, 2018, 77: 670-676.

[155] Zhang W W, Ye Z Y. Reduced-order-model-based flutter analysis at high angle of attack[J]. Journal of Aircraft, 2007, 44（6）: 2086-2089.

[156] 钟华寿, 张伟伟, 肖华, 等. 一种高安全性颤振边界预测方法[J]. 飞行力学, 2015, 33（3）: 261-264+268.

[157] 张伟伟, 王博斌, 叶正寅. 跨音速极限环型颤振的高效数值分析方法[J]. 力学学报, 2010, 42（6）: 1023-1033.

[158] Zhang W W, Kou J Q, Wang Z Y. Nonlinear aerodynamic reduced-order model for limit-cycle oscillation and flutter[J]. AIAA Journal, 2016, 54（10）: 3304-3312.

[159] Chen W G, Gao C Q, Gong Y M, et al. Shape optimization to improve the transonic fluid-structure interaction stability by an aerodynamic unsteady adjoint method[J]. Aerospace Science and Technology, 2020, 103: 11.

[160] Wang Z Y, Zhang W W, Wu X J, et al. A novel unsteady aerodynamic reduced-order modeling method for transonic aeroelastic optimization[J]. Journal of Fluids and Structures, 2018, 82: 308-328.

[161] Zhang W W, Chen K J, Ye Z Y. Unsteady aerodynamic reduced-order modeling of an aeroelastic wing using arbitrary mode shapes[J]. Journal of Fluids and Structures, 2015, 58: 254-270.

[162] 张慰, 张伟伟, 全景阁, 等. 跨声速机翼阵风减缓研究[J]. 力学学报, 2012, 44（6）: 962-969.

[163] Zhang W W, Ye Z Y, Zhang C A. Aeroservoelastic analysis for transonic missile based on computational fluid dynamics[J]. Journal of Aircraft, 2009, 46（6）: 2178-2183.

[164] Su D, Zhang W W, Ye Z Y. A reduced order model for uncoupled and coupled cascade flutter analysis[J]. Journal of Fluids and Structures, 2016, 61: 410-430.

[165] Kim T. Efficient reduced-order system identification for linear systems with multiple inputs[J]. AIAA Journal, 2005, 43（7）: 1455-1464.

[166] Kim T, Hong M, Bhatia K G, et al. Aeroelastic model reduction for affordable computational

fluid dynamics-based flutter analysis[J]. AIAA Journal，2005，43（12）：2487-2495.

[167] 窦怡彬，徐敏，Breitsamter C. 基于 SCI/ERA 方法的高效气动力降阶模型[J]. 计算力学学报，2012，29（1）：19-24.

[168] Zhang W W，Li X T，Ye Z Y，et al. Mechanism of frequency lock-in in vortex-induced vibrations at low Reynolds numbers[J]. Journal of Fluid Mechanics，2015，783：72-102.

[169] Ma Z H，Ahuja S，Rowley C. Reduced-order models for control of fluids using the eigensystem realization algorithm[J]. Theoretical and Computational Fluid Dynamics，2011，25（1-4）：233-247.

[170] Brunton S L，Dawson S T M，Rowley C W. State-space model identification and feedback control of unsteady aerodynamic forces[J]. Journal of Fluids and Structures，2014，50：253-270.

[171] Flinois T L B，Morgans A S. Feedback control of unstable flows：a direct modelling approach using the eigensystem realisation algorithm[J]. Journal of Fluid Mechanics，2016，793：41-78.

[172] Huang R，Hu H Y，Zhao Y H. Nonlinear reduced-order modeling for multiple-input/multiple-output aerodynamic systems[J]. AIAA Journal，2014，52（6）：1219-1231.

[173] Huang R，Hu H Y，Zhao Y H. Single-input/single-output adaptive flutter suppression of a three-dimensional aeroelastic system[J]. Journal of Guidance Control and Dynamics，2012，35（2）：659-665.

[174] Huang R，Li H K，Hu H Y，et al. Open/closed-loop aeroservoelastic predictions via nonlinear，reduced-order aerodynamic models[J]. AIAA Journal，2015，53（7）：1812-1824.

[175] Huang R，Zhao Y H，Hu H Y. Wind-tunnel tests for active flutter control and closed-loop flutter identification[J]. AIAA Journal，2016，54（7）：2089-2099.

[176] Liu H J，Huang R，Zhao Y H，et al. Reduced-order modeling of unsteady aerodynamics for an elastic wing with control surfaces[J]. Journal of Aerospace Engineering，2017，30（3）：19.

[177] Brunton S L，Noack B R，Koumoutsakos P. Machine learning for fluid mechanics[M]//Davis S H，Moin P. Annual Review of Fluid Mechanics，Palo Alto：Annual Reviews，2020，52：477-508.

[178] Kou J Q，Zhang W W. Reduced-order modeling for nonlinear aeroelasticity with varying Mach Numbers[J]. Journal of Aerospace Engineering，2018，31（6）：17.

[179] Kou J Q，Zhang W W. Layered reduced-order models for nonlinear aerodynamics and aeroelasticity[J]. Journal of Fluids and Structures，2017，68：174-193.

[180] Li K，Kou J Q，Zhang W W. Deep neural network for unsteady aerodynamic and aeroelastic modeling across multiple Mach numbers[J]. Nonlinear Dynamics，2019，96（3）：2157-2177.

[181] Chen G，Zuo Y T，Sun J，et al. Support-vector-machine-based reduced-order model for limit cycle oscillation prediction of nonlinear aeroelastic system[J]. Mathematical Problems in Engineering，2012，2012：12.

[182] Chen Z Q，Zhao Y H，Huang R. Parametric reduced-order modeling of unsteady aerodynamics

for hypersonic vehicles[J]. Aerospace Science and Technology, 2019, 87: 1-14.

[183] Li W J, Laima S J, Jin X W, et al. A novel long short-term memory neural-network-based self-excited force model of limit cycle oscillations of nonlinear flutter for various aerodynamic configurations[J]. Nonlinear Dynamics, 2020, 100 (3): 2071-2087.

[184] An C, Xie C C, Meng Y, et al. Large deformation modeling of wing-like structures based on support vector regression[J]. Applied Sciences-Basel, 2020, 10 (17): 16.

[185] Winter M, Breitsamter C. Neurofuzzy-model-based unsteady aerodynamic computations across varying freestream conditions[J]. AIAA Journal, 2016, 54 (9): 2705-2720.

[186] Sayadi T, Schmid P J, Richecoeur F, et al. Parametrized data-driven decomposition for bifurcation analysis, with application to thermo-acoustically unstable systems[J]. Physics of Fluids, 2015, 27 (3): 13.

[187] Kou J Q, Zhang W W. An improved criterion to select dominant modes from dynamic mode decomposition[J]. European Journal of Mechanics B-Fluids, 2017, 62: 109-129.

[188] Barbagallo A, Sipp D, Schmid P J. Closed-loop control of an open cavity flow using reduced-order models[J]. Journal of Fluid Mechanics, 2009, 641: 1-50.

[189] Akervik E, Brandt L, Henningson D S, et al. Steady solutions of the Navier-Stokes equations by selective frequency damping[J]. Physics of Fluids, 2006, 18 (6): 4.

[190] Jordi B E, Cotter C J, Sherwin S J. Encapsulated formulation of the selective frequency damping method[J]. Physics of Fluids, 2014, 26 (3): 10.

[191] Illingworth S J, Morgans A S, Rowley C W. Feedback control of cavity flow oscillations using simple linear models[J]. Journal of Fluid Mechanics, 2012, 709: 223-248.

[192] Moore B C. Principle component analysis in linear-systems-controllability, observability, and model-reduction[J]. IEEE Transactions on Automatic Control, 1981, 26 (1): 17-32.

[193] Zhou K, Salomon G, Wu E. Balanced realization and model reduction for unstable systems[J]. International Journal of Robust and Nonlinear Control, 1999, 9 (3): 183-198.

[194] Kenney C, Hewer G. Necessary and sufficient conditions for balancing unstable systems[J]. IEEE Transactions on Automatic Control, 1987, 32 (2): 157-160.

[195] Flinois T L B, Morgans A S. Projection-free approximate balanced truncation of large unstable systems[J]. Physical Review E, 2015, 92 (2): 20.

[196] Juang J N, Cooper J E, Wright J R. An eigensystem realization algorithm using data correlations (ERA/DC) for model parameter-identification[J]. Control-Theory and Advanced Technology, 1988, 4 (1): 5-14.

[197] Kou J Q, Zhang W W, Liu Y L, et al. The lowest Reynolds number of vortex-induced vibrations[J]. Physics of Fluids, 2017, 29 (4): 6.

[198] Zhang W W, Jiang Y W, Ye Z Y. Two better loosely coupled solution algorithms of CFD based aeroelastic simulation[J]. Engineering Applications of Computational Fluid Mechanics, 2007, 1 (4): 253-262.

[199] Parker E，Spain C，Soistmann D. Aileron buzz investigated on several generic NASP wing configurations[C]//Proceedings of the 32nd Structures，Structural Dynamics，and Materials Conference，F，1991.

[200] 史爱明，杨永年，叶正寅. 跨音速三维操纵面嗡鸣数值方法研究[J]. 西北工业大学学报，2006，（5）：537-540.

[201] Gordnier R E，Melville R B. Transonic flutter simulations using an implicit aeroelastic solver[J]. Journal of Aircraft，2000，37（5）：872-879.

[202] Liu F，Cai J，Zhu Y，et al. Calculation of wing flutter by a coupled fluid-structure method[J]. Journal of Aircraft，2001，38（2）：334-342.

[203] Leer-ausch E M，Batina J T. Wing flutter computations using an aerodynamic model based on the Navier-Stokes equations[J]. Journal of Aircraft，1996，33（6）：1139-1147.

[204] Kamakoti R，Shyy W. Fluid-structure interaction for aeroelastic applications[J]. Progress in Aerospace Sciences，2004，40（8）：535-558.

[205] Šekutkovski B，Kostić I，Simonović A，et al. Three-dimensional fluid-structure interaction simulation with a hybrid RANS-LES turbulence model for applications in transonic flow domain[J]. Aerospace Science and Technology，2016，49：1-16.

[206] Chen X，Qiu Z，Wang X，et al. Uncertain reduced-order modeling for unsteady aerodynamics with interval parameters and its application on robust flutter boundary prediction[J]. Aerospace Science and Technology，2017，71：214-230.

[207] Wu S，Livne E. alternative aerodynamic uncertainty modeling approaches for flutter reliability analysis[J]. AIAA Journal，2017，55（8）：2808-2823.

[208] Gao C Q，Zhang W W. Transonic aeroelasticity：A new perspective from the fluid mode[J]. Progress in Aerospace Sciences，2020，113.

[209] 张伟伟，高传强，叶正寅. 复杂跨声速气动弹性现象及其机理分析[J]. 科学通报，2018，63（12）：1095-1110.

[210] Gao C，Liu X，Zhang W. On the dispersion mechanism of the flutter boundary of the AGARD 445. 6 wing[J]. AIAA Journal，2021，59（8）：1-13.

[211] Gao C Q，Zhang W W，Liu Y L，et al. Numerical study on the correlation of transonic single-degree-of-freedom flutter and buffet[J]. Science China-Physics Mechanics & Astronomy，2015，58（8）.

[212] 高传强，张伟伟. 跨声速嗡鸣诱发机理及其失稳参数研究[J]. 空气动力学学报，2019，37（1）：99-106.

[213] 任勇生，刘立厚，韩景龙，等. 飞行器非线性气动弹性和颤振主动控制研究进展[J]. 力学季刊，2003，（4）：534-540.

[214] 李道春，向锦武. 非线性气动弹性模型参考自适应控制[J]. 航空学报，2008，（2）：280-284.

[215] 江妙根. 反舰导弹操纵面嗡鸣现象及预防[J]. 战术导弹技术，2000，（4）：32-34.

[216] Smith A N，Babinsky H，Fulker J L，et al. Shock-wave/boundary-layer interaction control

using streamwise slots in transonic flows[J]. Journal of Aircraft, 2004, 41 (3): 540-546.

[217] Titchener N, Babinsky H. Shock wave/boundary-layer interaction control using a combination of vortex generators and bleed[J]. AIAA Journal, 2013, 51 (5): 1221-1233.

[218] McCormick D C. Shock boundary-layer interaction control with vortex generators and passive cavity[J]. AIAA Journal, 1993, 31 (1): 91-96.

[219] Jiang R P, Tian Y, Liu P Q. Transonic buffet control by rearward buffet breather on supercritical airfoil and wing[J]. Aerospace Science and Technology, 2019, 89: 204-219.

[220] Ogawa H, Babinsky H, Patzold A, et al. Shock-wave/boundary-layer interaction control using three-dimensional bumps for transonic wings[J]. AIAA Journal, 2008, 46 (6): 1442-1452.

[221] Jiang R P, Tian Y, Liu P Q, et al. Transonic buffet control research on supercritical wing using rear-mounted bump[J]. Journal of Aerospace Engineering, 2018, 31 (5): 04018053.1-04018053.14.

[222] Jones N R, Jarrett J P. Designing a shock control bump array for a transonic wing-body model[J]. AIAA Journal, 2018, 56 (12): 4801-4814.

[223] Mayer R, Lutz T, Kramer E, et al. Control of transonic buffet by shock control bumps on wing-body configuration[J]. Journal of Aircraft, 2019, 56 (2): 556-568.

[224] Tian Y, Gao S Q, Liu P Q, et al. Transonic buffet control research with two types of shock control bump based on RAE2822 airfoil[J]. Chinese Journal of Aeronautics, 2017, 30 (5): 1681-1696.

[225] Tian Y, Liu P Q, Li Z. Multi-objective optimization of shock control bump on a supercritical wing[J]. Science China-Technological Sciences, 2014, 57 (1): 192-202.

[226] 田云, 刘沛清, 彭健. 激波控制鼓包提高翼型跨声速抖振边界[J]. 航空学报, 2011, 32 (8): 1421-1428.

[227] Caruana D, Mignosi A, Robitaillie C, et al. Separated flow and buffeting control[J]. Flow Turbulence and Combustion, 2003, 71 (1-4): 221-245.

[228] Abramova K A, Petrov A V, Potapchik A V, et al. Experimental investigation of transonic buffet control on a wing airfoil using tangential jet blowing[J]. Fluid Dynamics, 2020, 55 (4): 545-553.

[229] Dang H X, Zhao J H, Yang Z C, et al. Postponing the onset and alleviating the load of transonic buffet by using steady and periodic tangential slot blowing[J]. Applied Sciences-Basel, 2019, 9 (19): 4132.

[230] 党会学, 赵均海, 杨智春. 切向吹气对跨声速抖振边界及载荷的控制作用[J]. 工程力学, 2017, 34 (4): 248-256.

[231] Dandois J, Lepage A, Dor J B, et al. Open and closed-loop control of transonic buffet on 3D turbulent wings using fluidic devices[J]. Comptes Rendus Mecanique, 2014, 342 (6-7): 425-436.

[232] Abramova K, Petrov A, Potapchick A, et al. Investigations of transonic buffet control on civil aircraft wing with the use of tangential jet blowing[C]//Proceedings of the AIP Conference

Proceedings, F, 2016.

[233] Kulfan B. A universal parametric geometry representation method- "CST" [C]//Proceedings of the 45th AIAA Aerospace Sciences Meeting and Exhibit, F, 2007.

[234] Kulfan B, Bussoletti J. "Fundamental" parameteric geometry representations for aircraft component shapes[C]//Proceedings of the 11th AIAA/ISSMO Multidisciplinary Analysis and Optimization Conference, F, 2006.

[235] 高传强, 张伟伟, 叶正寅. 基于谐振舵面的跨声速抖振抑制探究[J]. 航空学报, 2015, 36 (10): 3208-3217.

[236] Gao C Q, Zhang W W, Ye Z Y. Numerical study on closed-loop control of transonic buffet suppression by trailing edge flap[J]. Computers & Fluids, 2016, 132: 32-45.

[237] Gao C Q, Zhang W W, Kou J Q, et al. Active control of transonic buffet flow[J]. Journal of Fluid Mechanics, 2017, 824: 312-351.

[238] Kimura H. A further result on the problem of pole assignment by output feedback[J]. IEEE Transactions on Automatic Control, 1977, 22 (3): 458-463.

[239] Franke M. Eigenvalue assignment by static output feedback-on a new solvability condition and the computation of low gain feedback matrices[J]. International Journal of Control, 2014, 87 (1): 64-75.

[240] Gao C Q, Zhang W W, Li X T. Passive feedback control of transonic buffet flow[J]. Physics of Fluids, 2019, 31 (4): 11.

[241] Williamson C, Govardhan R. Vortex-induced vibrations[J]. Annu. Rev. Fluid. Mech., 2004, 36: 413-455.